Ps + Ai + Id で
基礎力を身につける
デザインの教科書

執筆・編集：ファー・インク

はじめに

本書は、グラフィック作成の定番ソフトウェア、Adobe Photoshop、Illustrator、InDesign を初めて使う方のために、基本操作を体系的にまとめたガイドブックです。近年の Web や印刷物の制作においては、これらのソフトウェアを利用することが不可欠になっています。いずれもプロフェッショナル仕様のソフトウェアですので、初めて学ぶ方にとってはわかりにくいと感じることも多いでしょう。本書は初心者の方でもわかりやすく、基本操作をマスターできるように編纂しました。

本書の構成は、1章「アプリケーションの特徴と基本操作」で、3つのソフトウェアの特徴と、どのソフトウェアでも共通する操作方法をまとめました。この章では、ワークスペースやツール・パネルの操作、環境設定、カラー設定、保存や出力の仕組みを学ぶことができます。2章以降は、Photoshop、Illustrator、InDesignの基本操作を解説しています。順に読み進めていただければ、オペレーションの基本的なスキルが自然に身につくでしょう。

グラフィックの制作では、電子媒体と紙媒体で、作業環境や書き出しの方法が多少異なります。本書の PhotoshopとIllustratorの章では、章末に Web制作のための知識を簡潔にまとめました。また、付録の「ビジュアル資料集」には、プロセスカラーチャートや Photoshopの描画モード・フィルター効果、Illustratorの線・ブラシ・パターンのライブラリ、文字組み設定、キーボードショートカットの一覧を掲載しています。作りたい効果を探したい時に利用できる資料集になっています。

本書では、体系的にアプリケーションの基本操作を覚えることを主眼にしています。しかしながら、3つのソフトウェアを1冊の本にまとめていますので、本書で触れることのできなかった項目もたくさんあります。それらは必要に応じて、アプリケーションのヘルプ機能を使ったり、他の参考書や Webサイトを閲覧したりして、情報を入手するようにしてください。

また、読者の皆さんには、できるだけ最新のアプリケーション環境で作業を行うことをお勧めします。グラフィックソフトウェアの制作環境は日進月歩のスピードで変化していますので、利用する側も新しいスキルを身につけることがつねに求められます。本書が皆さんの学習に少しでも役に立てていただければ、なによりの喜びです。

2017年4月
編・著者 ファー・インク
生田 信一

CONTENTS

はじめに ………………………………………………………………………………… 3

本書の使い方 …………………………………………………………………………… 8

1章　アプリケーションの特徴と基本操作 …………………… 9

1-01	グラフィック・ソフトウェアの種類と役割 ………………………………	10
1-02	Photoshop の特徴と役割 ……………………………………………………	12
1-03	Illustrator の特徴と役割 ……………………………………………………	14
1-04	InDesign の特徴と役割 ………………………………………………………	16
1-05	ワークスペースの設定 ………………………………………………………	18
1-06	作業で使用する単位の設定 …………………………………………………	20
1-07	ドック・パネルの基本操作 …………………………………………………	22
1-08	ツールパネルの基本操作 ……………………………………………………	24
1-09	画面表示の拡大・縮小・移動 ………………………………………………	26
1-10	カラーマネージメント ………………………………………………………	28
1-11	ドキュメントの保存とファイル形式 ………………………………………	30
1-12	ドキュメントの印刷 …………………………………………………………	32
1-13	PDF ドキュメントの保存・書き出し ………………………………………	34
Column	Adobe Bridge を活用する ……………………………………………………	36

2章　Photoshop の基本操作 ……………………………………… 37

2-01	Photoshop のインターフェイス ……………………………………………	38
2-02	ピクセル、画像サイズ、画像解像度 ………………………………………	40
2-03	新規ドキュメントを作成してペイントする ………………………………	42
2-04	選択範囲の作成／編集／塗りつぶし ………………………………………	44
2-05	写真をトリミングする ………………………………………………………	46
2-06	画像を修復するツール ………………………………………………………	48
2-07	写真の特定の色域を選択する ………………………………………………	50
2-08	選択範囲を編集する …………………………………………………………	52
2-09	クイックマスクとクリッピングパス ………………………………………	54

2-10	レイヤーによる写真の合成	56
2-11	レイヤーの種類と編集	58
2-12	レイヤーマスクを使う	60
2-13	調整レイヤー／明るさの調整	62
2-14	カラーの調整	64
2-15	彩度・コントラストの調整	66
2-16	調整レイヤーの応用	68
2-17	文字の入力とスタイル設定	70
2-18	レイヤースタイルの活用	72
2-19	フィルターの活用	74
2-20	スマートオブジェクト／リンク画像の編集	76
2-21	デジタルカメラで撮影した画像の扱い	78
2-22	Illustrator との連携	80
2-23	印刷・Web 用の画像フォーマット	82
2-24	アートボードで Web ページをレイアウトする	84
2-25	「クイック書き出し」と「画像アセット」	86
Gallery	Photoshop Gallery ―スズキ アサコ―	88
Column	トーンカーブやヒストグラムを理解する	90

■ 3 章 Illustrator の基本操作　　91

3-01	Illustrator のインターフェイス	92
3-02	新規ドキュメントの作成	94
3-03	描画ツールで基本図形を描く	96
3-04	オブジェクトの選択、移動、複製	98
3-05	オブジェクトに塗りと線を指定する	100
3-06	カラー、グラデーション、パターンの塗り	102
3-07	ペンツール・アンカーポイントの操作	104
3-08	鉛筆ツール、ブラシツール	106
3-09	オブジェクトを変形する	108
3-10	レイヤーの管理	110
3-11	グループ化と編集モード	112

CONTENTS

3-12	文字ツールでテキストを入力する		114
3-13	文字パネル		116
3-14	段落パネル		118
3-15	文字タッチツール、パス上文字ツール		120
3-16	段組、タブの設定		122
3-17	定規を利用し、ガイドを作成する		124
3-18	オブジェクトを整列する		126
3-19	パスファインダーの活用		128
3-20	アピアランスパネル		130
3-21	効果メニューの特殊効果		132
3-22	画像の配置		134
3-23	パスや文字のアウトライン化		136
3-24	トンボを作成する		138
3-25	テクニカルイラストレーションを描く		140
3-26	Web 用の素材を作成する		142
3-27	Web 用にオブジェクトを書き出す		144
Gallery	Illustrator Gallery ─五十嵐華子／hamko─		146
Column	ライブラリパネルを活用する		148

4章　InDesign の基本操作　　149

4-01	InDesign のインターフェイス		150
4-02	新規ドキュメントを作成する		152
4-03	ページパネル		154
4-04	ページ番号の管理		156
4-05	マスターページの活用		158
4-06	座標・単位の設定／ガイドの作成		160
4-07	オブジェクトの作成		162
4-08	カラーの登録と適用		164
4-09	プレーンテキストフレームとフレームグリッド		166
4-10	日本語組版ルールの設定		168
4-11	文字の代表的な組み方		170

4-12	ルビの設定／字形パネル	172
4-13	段落書式	174
4-14	テキストの回り込み／テキストの流し込み	176
4-15	段落／文字スタイルの登録	178
4-16	段落／文字スタイルの適用と編集	180
4-17	オブジェクトスタイル／グリッドフォーマット	182
4-18	画像の配置とサイズの調整	184
4-19	フォント検索／合成フォントの作成	186
4-20	効果パネルで特殊効果を適用する	188
4-21	表を作る（1）	190
4-22	表を作る（2）	192
4-23	プリフライト／パッケージ機能	194
Gallery	InDesign Gallery — SOUVENIR DESIGN INC. —	196
Column	Adobe Typekit を使ってみよう	198

付録　ビジュアル資料集 … 199

資料-01	プロセスカラーチャート	200
資料-02	Photoshop の描画モード	204
資料-03	Photoshop のフィルター効果	206
資料-04	Illustrator の線・ブラシ設定	208
資料-05	Illustrator のスウォッチライブラリ（パターン）	210
資料-06	文字組み設定	212
資料-07	よく利用するキーボード・ショートカット	214

索引	Photoshop	218
	Illustrator	220
	InDesign	222

本書の使い方

● 本書のページ構成

本書は4章構成です。各章の内容は以下の通りです。

　　　1章　アプリケーションの特徴と基本操作
　　　2章　Photoshopの基本操作
　　　3章　Illustratorの基本操作
　　　4章　InDesignの基本操作
　　　付録　ビジュアル資料集

下図では本書の代表的なページを例に、各要素の名称や役割を示しました。

● ソフトウェアのバージョン／キーボードの表記

　本書のPhotoshop、Illustrator、InDesignの記述や操作画面はバージョンCC 2017を使用しています。作例の制作もCC 2017で行っています。バージョンにより操作が異なる場合がありますのでご注意ください。キーボードの表記はMacintoshのものです。Windowsをお使いの場合は、以下のキーに置き換えてください。

　　　　⌘キー　　→　　Ctrlキー
　　　　optionキー　→　　altキー

Applications Basic Operation

1章

アプリケーションの特徴と基本操作

Applications Basic Operation

1-01 グラフィック・ソフトウェアの種類と役割

学習の ポイント
- 本書で学ぶ、Photoshop、Illustrator、InDesignの特徴と役割を紹介します。
- Photoshopでは写真素材を加工し、Illustratorでは線画データを作成します。
- 紙媒体の印刷物、電子媒体のWebページをデザインした作例を見てみましょう。

● 本書で学ぶソフトウェア

本書では、アドビシステムズ社が開発した代表的なグラフィックソフトウェアである、Photoshop、Illustrator、InDesignの操作方法を解説します。

Photoshopでは写真を編集・加工し、Illustratorでは、ドロー系のグラフィックを作成します。Illustratorは、ポスターやパンフレットなどをレイアウトする用途に使われています。InDesignは雑誌や書籍などの冊子をレイアウトする用途に使われています。また、データを一元管理できるBridgeの使い方も解説します。

Ps	Photoshop	画像編集ソフトウェア 用途：画像補正、画像合成、ペイントなど
Ai	Illustrator	ドロー系ソフトウェア 用途：レイアウト、イラスト・ロゴ作成など
Id	InDesign	ページレイアウトソフトウェア 用途：ページものの印刷物のレイアウトなど
A	Acrobat	PDF作成・編集ソフトウェア 用途：PDF文書の作成・編集・加工など
Br	Bridge	デジタルアセット管理ソフトウェア 用途：データを一元管理、バッチ編集など

本書で解説するソフトウェアの特徴と用途。各ソフトウエアのアプリケーションアイコンを覚えておこう

● Photoshop／Illustratorで写真素材やイラスト素材を作成する

グラフィックを作成するには、まず写真やイラストなどの図版を準備します。Photoshopは、デジタルカメラで撮影した写真を開き、トリミングしたり、画像補正を行います。線画データはIllustratorで作成します。Illustratorでは地図やシンボル、ロゴなどを作成する用途に利用されます。

Photoshopで写真データを開いたところ。写真のトリミングや明るさ、カラーの調整を行うことができる。Photoshopで作成したデータは「ビットマップデータ」と呼ばれ、小さな四角形のピクセルでできているのが特徴

Illustratorでは、地図や企業のロゴ、シンボルなどを作成する。Illustratorで作成したデータは「ベクター（ベクトル）データ」と呼ばれ、自在に拡大・縮小できるのが特徴

● **Illustrator／InDesignで印刷紙面をデザインする**

作成した素材を配置する作業は、レイアウト機能に優れたIllustratorやInDesignを利用します。紙媒体の印刷物の多くは、IllustratorやInDesignで作られています。

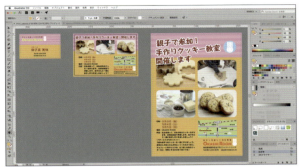

名刺やはがき、パンフレットなどは1枚の紙でできていることから、印刷業界では「1枚もの」と呼ばれている。左図はIllustratorで3つのアートボードを作成し、名刺、はがき、A4サイズのパンフレットをレイアウトしたもの

雑誌や書籍などの印刷物は、複数の用紙を背の部分で綴じてページを作ることから、印刷業界では「ページもの」と呼ばれている。左図はInDesignでA4サイズの雑誌の見開きページをレイアウトしたもの。ページもののデザインでは、左右ページを見開きの状態にしてレイアウトを行う

● **Illustrator／PhotoshopでWebページをデザインする**

Webページの画面はIllustratorやPhotoshopを使ってモックアップを作成してデザインを検討する用途に利用できます。デザインが完成したら、個々の素材をWeb用に書き出すこともできます。

IllustratorでWeb画面をPC、タブレット、スマホの画面サイズに合わせてデザイン案を検討しているところ

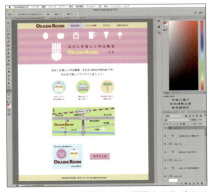

PhotoshopでWeb画面をPC画面サイズに合わせてデザイン案を検討しているところ

1章 アプリケーションの特徴と基本操作

01 グラフィック・ソフトウェアの種類と役割

Applications Basic Operation

1-02　Photoshopの特徴と役割

学習の ポイント
- Phoroshopで画像を補正する際のツールや、おおまかな手順を覚えておきましょう。
- レイヤー機能を使うと、複数の画像補正を重ねたり、画像の合成ができます。
- フィルター機能を使うと、画像をぼかす、シャープにするなどの効果を適用できます。

● 画像補正の手順とツール類

　Photoshopでは、デジタルカメラで撮影した画像を開いてさまざまな加工を施すことができます。傾きを直したり、トリミングしたり、画像のゴミを除去するなどの豊富なツールが搭載されています。画像補正は下のワークフローで示したような、おおまかな手順があるので、覚えておきましょう。

ものさしツールで画像の傾きの基準となるライン上でドラッグし角度を計測する

イメージメニュー→［画像の回転］→［角度入力］を選ぶ。計測した数値が自動的に入力されているのでそのまま「OK」をクリックする

トリミングは切り抜きツールで行う。切り抜きたい大きさで四角形の大きさを調整する。カーソルを四隅の外側に置いてドラッグすると回転も可能

カメラのレンズにゴミが付着し画像に残っている場合や、顔の細かいシミなどは修復ブラシツールやコピースタンプツールを利用して除去できる。透明度を下げて操作することで、修復した箇所が目立たなくなる

画像補正のワークフロー

12

● **レイヤー機能を利用した画像補正や合成**

Photoshopは、画像補正をレイヤーを使って行います。複数の補正を重ねたり、効果のオン／オフの切り換えも可能です。レイヤーマスクを使うと、画像の一部だけを表示させて合成することもできます。

調整レイヤーを使った画像補正

レイヤーパネルで［塗りつぶしまたは調整レイヤーを新規作成］ボタンをクリックし、調整レイヤーを選択する。図では3つの調整レイヤーを適用している。目のアイコンをオン／オフすることで効果の表示／非表示を切り替えることができる

レベル補正は、画像のシャドウポイント、ハイライトポイントを指定し、レンジを調整する

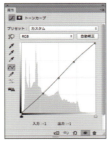

トーンカーブは、グラフ上にポイントを指定し滑らかな曲線を描くことで画像全体の明るさや色調を補正する

カラーバランスが崩れている場合は「カラーバランス」を使って補正することができる。スライダーを動かして画面を見ながら色調を整える

レイヤーを使った合成

複数の画像をレイヤー上に重ねて合成するには、レイヤー機能を利用する。上図は、背景画像（左図）、レイヤー画像（中図）、レイヤーマスク画像（右図）である。レイヤーマスクを適用すると、白い部分が表示され、黒い部分がマスクされて非表示になる

レイヤー上で2枚の画像を重ね、上の画像にレイヤーマスクを適用すると、上図のような合成画像が得られる

● **フィルター機能を利用した画像補正**

画像をシャープにしたり、ぼかしたりといった作業では、フィルター機能を利用します。フィルターは多くの種類があり、画像をシャープにしたり、アーティスティックな効果を与えることもできます。

「アンシャープマスク」を適用。プレビュー画像を見ながら効果を確認し、「量」「半径」「しきい値」を設定する

「ぼかし（ガウス）」を適用。「半径」を指定し、効果を確認しながら調整する。人物の背景をぼかしたい場合などに有効

「ぼかし（放射状）」を適用。露光間ズーミングで撮影したような動きのある効果が得られる

Applications Basic Operation

1-03 Illustratorの特徴と役割

学習のポイント
- Illustratorで作成するベクターデータの特徴を覚えておきましょう。
- アイコンやシンボル、ロゴなどのグラフィック素材を作成するのに向いています。
- 商業分野の1枚ものの印刷物の多くはIllustratorで作成されています。

● ベクターデータの特徴

Illustratorで描く直線や曲線は「ベジェ曲線」と呼ばれ、作成したデータはベクター（ベクトル）データと呼ばれます。

Illustratorで作成したオブジェクトは、線端やコーナー部分に「アンカーポイント」と呼ばれる点があります。アンカーポイント同士を結んだ線が「セグメント」です。

セグメントは直線と曲線があります（右図参照）。直線は、アンカーポイント同士が直線で結ばれています。曲線の場合は、アンカーポイントから「方向線（ハンドル）」と呼ばれる線が表示され、方向線の長さや角度で曲線の形状が変わります。アンカーポイントとセグメントを総称して「パス」と呼びます。セグメントで囲まれた領域は塗りのカラーを設定できます。

Illustratorで描いたグラフィックは自由に拡大・縮小できます。ビットマップ画像は拡大した場合に画像が粗くなりますが、ベクターデータは拡大しても画像が粗くなりません。

Illustratorで直線を描く

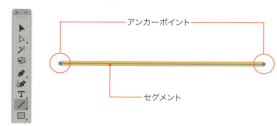

Illustratorの直線ツールでドラッグすると直線が描ける。直線の端点にはアンカーポイントがある

Illustratorで曲線を描く

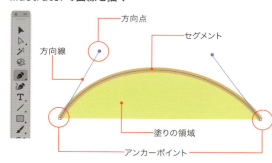

Illustratorのペンツールでクリック後にそのままドラッグすると方向線が現れる。次の場所で再度クリック＆ドラッグすると曲線が描ける。ダイレクト選択ツールで方向点をドラッグして、方向線の長さや角度を変えると、描かれる曲線の形状が変化する

Illustratorで拡大・縮小

ベクターデータの特徴は、拡大・縮小しても画像が粗くならない。そのため、同じグラフィックを名刺サイズやポスターサイズに利用することができる。Web画面の場合は、大画面の場合や、スマートフォンの小さい画面の場合でも、きれいに表示される

● グラフィック素材の作成

ベジェ曲線で描くグラフィックはエッジがシャープです。プリンタでの印字やモニタ表示の際は、最高の解像度で出力されるので、仕上がりが鮮やかです。このことから、印刷では古くから利用されていますし、Webの分野でもブラウザがSVG形式（Illustratorで保存が可能）に対応するようになり、利用する機会が増えています。

作例としては、右に示したシンボルやアイコン、ロゴなどの各種図版に使われるほか、地図や図面などの精密なイラストレーションに利用されています。

アイコン・シンボル

ロゴ

イラスト

● 組版・レイアウト機能

紙面をレイアウトする際は、グラフィック素材とテキストを正確に配置する必要があります。Illustratorには、プロフェッショナルレベルの文字組版機能が搭載されています。タイトル文字の装飾もIllustratorで行うことができます。

ドキュメントは印刷の仕上がりサイズでアートボードを作成し、アートボード内に、定規やガイドを参考にしながらテキストや図版を正確に配置することができます。また、印刷用のトンボをドキュメント内に作成することもできます。出来上がったデータは、そのままの形、あるいはPDFで書き出して、印刷入稿が可能です。

名刺、はがき、パンフレット、ポスターなど商業印刷物の1枚ものの印刷物の多くは、Illustratorで作成されている

出版物の分野では、書籍のカバーや雑誌の表紙デザインは1枚ものの印刷物であるため、Illustratorで作成されることが多い

Applications Basic Operation
1-04　InDesignの特徴と役割

学習のポイント
- マスターページを利用すると、ページものの印刷物を効率的に作成できます。
- 雑誌や書籍のページを作成する際の、マスターページの利用法を知っておきましょう。
- 電子書籍のドキュメントの書き出しや、Webページとして公開する機能もあります。

● マスターページを利用して、ページものの誌面を作る

InDesignでは、ページものの印刷物を作る機能に優れた機能を搭載しています。代表的な機能のひとつにマスターページの機能があります。

マスターページには、どのページにも表示させておきたいアイテムを配置します。たとえば、ページ番号（「ノンブル」と呼ぶ）はどのページにも配置する必要があります。ページ番号は、マスターページに特殊な記号を配置しておけば、通常のドキュメントページにページ番号が自動的に割り振られるようになります（詳細は156ページ参照）。

ページ番号以外のテキストやグラフィックもマスターページに配置できます。また、マスターページは複数作成できるので、マスターページをうまく利用することで、ページレイアウトの作業効率を向上させることができます。

マスターページの作成例

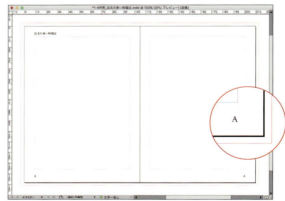

ページの表示の切り替えは、ページパネルのアイコンをダブルクリックして行う。「A-マスター」と書かれた文字の上をダブルクリックすると、マスターページが表示される。上図ではマスターページにページ番号の特殊な記号（「A」と表示）と本のタイトルを配置した

ドキュメントページの作成例

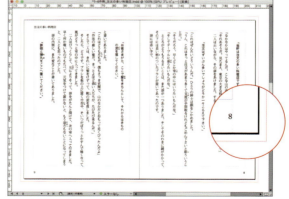

ページパネルでドキュメントページのアイコンをダブルクリックして表示したところ。ドキュメントページにはページ番号（「8」と表示）が割り振られているのがわかる

● **雑誌、書籍の誌面を作る**

InDesignで作成した雑誌や書籍の作例を見ていきましょう。

雑誌では、記事ごとにデザインフォーマットを変えて、変化に富んだ誌面を演出します。こうした場合は、ノンブルや雑誌のタイトルだけをマスターページに配置した基本となるマスターページを作成し、その基本マスターを基準にして記事ごとのマスターページを作成すると、効率的なデザイン作業が行えます。

書籍では、同じフォーマットの誌面が連続しますが、扉ページなどは別のデザインが必要になります。こうした場合も、基本となる本文ページのマスターページと、扉ページのマスターページを別に用意することで、効率的なデザイン作業が行えます。

雑誌ページの誌面

雑誌の誌面では、記事ごとにデザインフォーマットを変えるのが一般的。上図では、基本となるマスターページと、特集記事用のマスターページを作成してデザインしている

書籍の誌面

書籍の誌面でも、デザインフォーマットを数パターン用意することで作業効率が向上する。上図では、基本となる本文用のマスターページと、扉ページ用のマスターページを作成している

● **電子書籍のドキュメントを作成する**

InDesignは、電子書籍のフォーマットとしてEPUB（イーパブ）形式のドキュメントを書き出すことができます。EPUB形式のドキュメントはiBooksなどの電子書籍リーダーで閲覧することができます。そのほか、InDesignのドキュメントをWebページとして公開する「Public Online」の機能も搭載されています。

EPUB形式のドキュメントをMac OSに付属のiBooksで開いたところ。電子書籍リーダーは、文字サイズや書体をユーザー側で指定できる。またスマートフォンやタブレットなど、さまざまなデバイスで閲覧することができる

Applications Basic Operation

1-05　ワークスペースの設定

学習のポイント

- デザインアプリケーションのワークスペースの基本を覚えましょう。
- 定規を表示させると、作成したオブジェクトの位置やサイズを確認しやすくなります。
- ［環境設定］で、パネルの背景色の明るさを切り替えることができます。

● ワークスペースの基本

Photoshop、Illustrator、InDesignのワークペースの構造は共通してます。上部にメニュー、アプリケーションバー、コントロールバーがあり、左側にツールパネル、右側にドックが表示されます。

下図はIllustratorで新規ドキュメントを作成した例です。仕上がりサイズは黒の実線、裁ち落としの領域が赤の実線で示されます。表示メニューから［定規］→［定規を表示］を選び、ウィンドウメニューから［変形］を選びます。長方形を作成し、図形の座標値やサイズを変形パネルで確認してみましょう。

ワークスペースと各部の名称

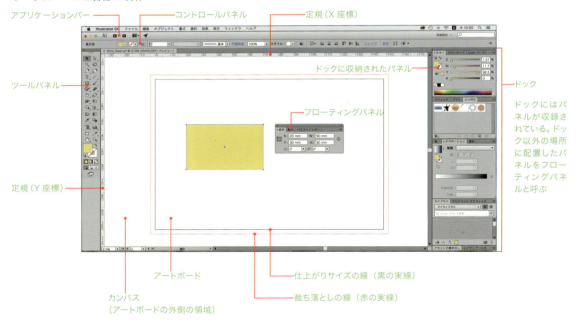

オブジェクトの座標値とサイズ

図形を作成してアートボードに配置すると、水平（X軸）、垂直（Y軸）の定規の値と幅と高さのサイズが変形パネルに表示される。上の場合は、基準点を左上にして、座標値は（X：20mm、Y：30mm）、W（幅）：50mm、H（高さ：30mm）の長方形が作成されていることが確認できる。入力ボックスで数値を入力して座標値やサイズを変更することも可能だ

18

● **アプリケーションフレーム／ユーザーインターフェイスの切り替え**

ワークスペースは、アプリケーションフレームのオン／オフを切り替えることができます。オンにするとドキュメントとドックが一体になり背面の画面が隠れます。好みの設定を選んで作業してください。

また、[環境設定]の[ユーザーインターフェイス]を選ぶと、パネルやカンバスの明るさを変更することができます。暗くすると、インターフェイス全体が暗くなり、作成中の写真やアートワークの色が引き立って見えますが、作品本来の色の判断がつきにくくなる場合もあります。作業の目的や用途に応じて、利用しやすいカラーを選ぶようにしてください。

アプリケーションフレーム表示のオン／オフ

ウィンドウメニューから[アプリケーションフレーム]のオン／オフを切り替えることができる

[アプリケーションフレーム：オフ]の状態。背面のデスクトップが現れる

[アプリケーションフレーム：オン]の状態。ドキュメントとパネル類が一体になる。右下のコーナーをドラッグして、サイズを変更することも可能

ユーザーインターフェイスの明るさの設定

[環境設定]で[ユーザーインターフェイス]を選び、明るさの項目で好みの明るさを設定できる。4段階の明るさが選べるほか、IllustratorやInDesignではスライダーによる微調整が可能になっている

[明るさ：暗]を選択

[明るさ：やや暗め]を選択

[明るさ：やや明るめ]を選択

[明るさ：明]を選択

カンバスカラーの設定

IllustratorやInDesignでは、[環境設定]の[ユーザーインターフェイス]で、カンバス（アートボードの外側の領域）のカラーを切り替えることができる。[カンバスカラー]で[ホワイト]を選ぶと白の表示になる。[ユーザーインターフェイスの明るさに一致させる]を選ぶと、パネル類のカラーと同じになる

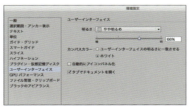

Applications Basic Operation

1-06　作業で使用する単位の設定

学習の
ポイント

● ポイント、級、歯、ピクセルなど、デザイン作業で使用する代表的な単位を覚えましょう。
● 作業中に使用する単位は、作業の前に環境設定で指定しておきます。
● パネルやダイアログボックスで数値入力する場合は、単位を指定して入力できます。

● デザイン作業で使用する単位

デザイン作業で使用する単位には以下のものがあります。

ミリ、センチメートル

「ミリ（mm）」や「センチ（cm）」はメートル法に沿った単位です。紙媒体の仕上がりサイズや、オブジェクトの位置を座標値で指定する際に使用します。

ポイント（pt）

「ポイント（pt）」は欧米で利用される単位で、文字サイズや線幅などを指定する際に使用します。ミリに換算する場合は1pt＝0.3528mmで計算します。

級（Q）、歯（H）

「級（Q）」「歯（H）」は日本で生まれた文字の単位です。「級」は文字サイズの指定、「歯」は行送り、次送りを指定する際に使用します。ミリに換算する場合は1Q＝1H＝0.25mm（1/4mm）で計算します。4Q＝4H＝1mmなのでミリ換算しやすい特徴があります。

ピクセル（px）

「Pixel（px）」はWeb画面をデザインする際に利用します。ピクセルはビットマップ画像の最小単位の「画素」のことで、パソコンやスマホの画面表示に用いられます。ピクセルには大きさの規定はなく、画像解像度で大きさが決まります。画像解像度は、1インチあたりに並ぶピクセル数（Pixel Per Inch＝PPI）で、値が大きくなるほどピクセルは小さくなります。

ポイント（pt）と級（Q）・歯（H）

50pt
ミリ換算すると
17.64mm

72Q
ミリ換算すると
18mm

ピクセル

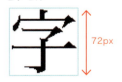

72px

文字サイズ　行送り

InDesignで文字サイズをポイント（pt）、級（Q）でそれぞれ指定した。文字サイズは文字の周囲を囲む仮想ボディ（青い線の四角形）の高さで表される。級（Q）で指定する場合、行送りは「H」の単位を使用する

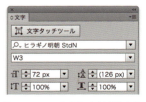

Illustratorで文字サイズをピクセル（px）で指定した。画面表示でピクセルプレビューにして画面表示を拡大するとピクセルの小さな四角形が確認できる

● 環境設定で使用する単位を設定する

定規に使用する単位や、線幅、文字サイズなどに使用する単位は個々に設定できます。[環境設定]ダイアログで単位に関する項目を選び、線や文字などに使用する単位を変更してみましょう。印刷物を作成する場合と、Webページを作成する場合とで、単位の切り替えが必要になりますので、この工程は重要です。

Illustratorでは、[環境設定]→[単位]を選び、ダイアログボックスを表示する

単位の設定項目は、[一般][線][文字][東アジア言語のオプション]の4種類がある。ドロップダウンリストでそれぞれの単位を選択して設定する

印刷物を制作する場合の単位指定の例

印刷物を制作する場合には上図のような指定を行うのが一般的。これらの設定は決まったルールはなく、会社によりルールが異なる場合がある。日本の印刷・デザイン業界では[文字：級][東アジア言語のオプション：歯]を指定する場合が多い

Webページを制作する場合の単位指定の例

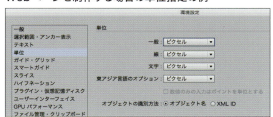

Webページを制作する場合には上図のような指定を行うのが一般的。ピクセルを基準に設定することが多いが、文字の単位にポイントを使用する場合もある。画面表示をピクセルプレビューにすることで、Web上の見映えを正確に把握することができる

● 入力ボックスで単位を指定する／四則演算して数値入力する

パネルやダイアログボックスの入力ボックスに数値でサイズを指定する場合がありますが、このとき数値の後に「mm」「pt」「Q」「H」「px」と入力して、単位を指定することができます。入力を確定すると、演算が行われ、環境設定で選んだ単位で表示されます。また「＋」「－」「×」「÷」の四則演算を行うこともできます。

単位を指定して入力する

Illustratorの文字パネルで、文字サイズの入力ボックスに「10mm」と入力してreturnキーを押す

文字サイズ変わり、入力ボックスには環境設定で指定されている単位で表示される（ここではQに換算された）

四則演算を実行して入力する

Illustratorで四角形を作成し、変形パネルで、[W]の入力ボックスに「10mm*2」と入力してreturnキーを押す。「*」（アスタリスク）は掛け算を実行する記号で「×2」を表す

四角形のW（幅）の値が2倍になった。
そのほか、足し算は「＋」、引き算は「－」、割り算は「/」を入力して演算が可能

Applications Basic Operation

1-07 ドック・パネルの基本操作

学習の
ポイント

● ドックは複数のパネルをまとめたもので、ウィンドウ右側に表示されます。
● パネル同士を合体させてグループにしたり、ドック内に組み込むこともできます。
● 使いやすいワークスペースを作成したら、名前を付けて保存することができます。

●ドックの表示とワークスペースの選択

　アプリケーションのインターフェイスではパネル操作が基本になります。パネルはドックの中に収納されています。ドックは畳んだり、展開することができます。

　ドック内にないパネルを表示したい場合は、ウィンドウメニューから目的のパネル名を選べば画面に現れるので、好みの位置に配置します。

ウィンドウメニューから［ワークスペース］→［初期設定をリセット］を選ぶと、ドックの初期状態の表示になる

ドック上部の「◀◀」ボタンをクリックするとパネルが表示される。「▶▶」ボタンをクリックするとアイコン表示になる

ワークスペースのデフォルトは数種類用意されている。たとえば Illustrator で［テキスト編集］を選ぶと、下図のような表示になる

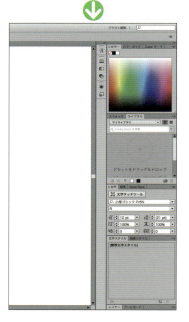

● **パネルをドックに組み込む／パネル同士を合体させる**

　パネルは、展開してオプションを表示させたり、畳むこともできます。パネルメニューから［オプションを表示］［オプションを隠す］を選んで表示を切り替えることもできます。また、パネル同士をひとつにまとめたり、上下に連結させることができます。ドック内の任意のパネルに組み込むこともできます。

パネル名の左側にあるボタンをクリックして表示を切り替える

左図では、Illustratorの線パネルの表示を切り替える例を示した。パネル名の左側にあるボタンをクリックすると、パネルが段階的に展開したり畳まれたりする。作業スペースが狭い場合は畳んでおくと便利だ

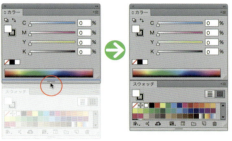

パネルの上部（あるいはタブ部分）をつかんで、ドックの中にドラッグすると、ドックの中にパネルを組み込むことができる

パネルを上下に合体させることもできる。操作はパネルをドラッグして移動、別のパネルの下に重ねてマウスボタンを放す

● **ワークスペースをカスタマイズして保存する**

　ドックやパネルの表示を自分なりに使いやすいように変更したら、表示中のワークスペースに名前を付けて保存することができます。保存後はウィンドウメニューにワークスペース名が表示されるようになります。

保存したいワークスペースの状態で、ウィンドウメニューから［ワークスペース］→［新規ワークスペース］を選ぶ

［新規ワークスペース］ダイアログが現れるので、名前を入力し、［OK］ボタンをクリック

保存したワークスペース名は、ウィンドウメニューから［ワークスペース］のサブメニューに現れるので、いつでも呼び出せる

ウィンドウメニューから［ワークスペース］→［ワークスペースの管理］を選んで現れるダイアログでは、新規にワークスペースを作成したり、既にあるものを削除することができる

Applications Basic Operation

1-08 ツールパネルの基本操作

学習の
ポイント

- アプリケーションに共通するツールパネルの操作方法を覚えましょう。
- ツールアイコンをダブルクリックすると、ダイアログが表示されるものがあります。
- Photoshopでは、ツールオプションバーを使ってツールの各種設定を指定します。

● ツールパネルの利用法

ツールパネルの基本操作を覚えましょう。1列表示／2列表示の切り替え、隠れているツールを表示する操作はどのアプリケーションにも共通しています。

Illustratorでは、ツールのグループを切り離したり、独自のツールパネルを作成して名前を付けて保存することができます。

1列表示／2列表示の切り替え

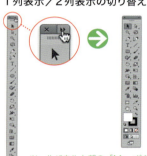

ツールパネル上部の「▶▶」ボタンをクリックして1列／2列表示を切り替えることができる

隠れているツールを表示する

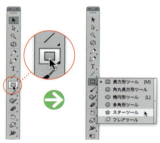

ツールアイコンの右下に小さな三角が表示されている場合は、ツールが隠れている。ツールアイコンをプレス（押したままに）すると隠れているツールが表示される

ツールのグループを切り離す

Illustrator ではツールのグループを分離させることができる。ツールアイコンをプレスし、右側のグレーのバーの位置まで移動しマウスボタンを放すと、ツールグループを分離して表示することができる

オリジナルのツールパネルを作る

Illustrator では、ツールパネルをカスタマイズすることができる。手順は、ウィンドウメニューから［ツール］→［新規ツールパネル］を選ぶ。ダイアログが表示されるので名前を入力し、［OK］をクリックする

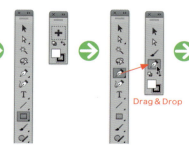

新しいツールパネルが現れる。元のツールパネルから登録したいツールアイコンをドラッグし、新しいツールパネルの上でドロップするとツールが登録される。この操作を繰り返し、好みの組み合わせでツールパネルを作成する

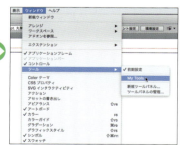

登録を終えた新しいツールパネルは、ウィンドウメニュー→［ツール］のサブメニューからいつでも呼び出すことができる

● ツールの環境設定や各種ダイアログボックスを表示する

IllustratorやInDesignのツールパネルでは、ツールアイコンをダブルクリックしてダイアログボックスを表示し、数値でオブジェクトを操作したり、ツールの環境設定を変更することができるものがあります。ダイアログボックスを表示しての操作は、ツールにより操作が異なります。

ツールのオプションダイアログボックスを表示する

IllustratorやInDesignで選択ツールをダブルクリックすると、[移動]ダイアログが表示される

IllustratorやInDesignで拡大/縮小ツールをダブルクリックすると、ダイアログが表示され、数値を指定して拡大/縮小できる

IllustratorやInDesignで鉛筆ツールをダブルクリックすると、ツールオプションダイアログが表示され、[精度]などを調整できる

IllustratorやInDesignでスポイトツールをダブルクリックすると、スポイトで抽出／適用する属性の種類を選択することができる

● Photoshopのツールオプションバー

Photoshopでは、ウィンドウ上部のツールオプションバーに、選択中のツールのオプションが表示されます。たとえば、ブラシツールを選択しているときはブラシのサイズやボケ具合を設定します。切り抜きツールを選択しているときは、切り抜きのサイズや切り抜いた後の画像解像度を指定することができます。

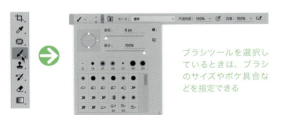

ブラシツールを選択しているときは、ブラシのサイズやボケ具合などを指定できる

グラデーションツールを選択しているときは、塗りの種類や［モード］［不透明度］などを指定できる

切り抜きツールを選択しているときは、切り抜くサイズや切り抜いた後の画像解像度などを指定することができる

自動選択ツールを選択しているときは、[許容値]の値や[アンチエイリアス][隣接]のオン／オフなどを指定することができる

Applications Basic Operation

1-09　画面表示の拡大・縮小・移動

学習のポイント
- ズームツール、手のひらツールで、画面表示を切り替えることができます。
- Illustratorでは、画面表示のさまざまなオプション機能があります。
- InDesignでは、手のひらツールで目的の画面の表示領域を指定することができます。

● **ズームツール、手のひらツールを使って画面表示を拡大・縮小・移動**

　Photoshop、Illustrator、InDesignでは、ズームツールで画面表示の拡大縮小、手のひらツールで表示領域を変更することができます。また、表示メニューのコマンドを利用して画面表示を変更できます。

ズームツールを利用する

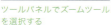

ツールパネルでズームツールを選択する

ズームツールを選ぶと、カーソルが虫メガネの形になる。右方向にドラッグするとズームイン（左図）、左方向にドラッグするとズームアウト（右図）する

手のひらツールを利用する

表示メニューのコマンドを利用する

ツールパネルで手のひらツールを選択する

ドラッグ操作で画面の表示領域を変更できる。拡大表示したとき、見えない領域を表示したい場合に便利

表示メニューには［ズームイン］［ズームアウト］［画面サイズに合わせる］などのコマンドがある。ショートカットキーを覚えておくと便利

MEMO
手のひらツールのアイコンをダブルクリックすると画面サイズに合わせたサイズに、ズームツールのアイコンをダブルクリックすると、100%表示に切り替わります。

26

● **Illustratorの画面表示のオプション**

Illustratorでも、ズームツール、手のひらツールが使えます。そのほか、プレビュー／アウトライン表示の切り替えや、ドキュメントレイアウトの変更、ナビゲーターパネルなどを活用できます。

プレビューモードとアウトラインモード

表示メニューから［アウトライン］［プレビュー］を選び、表示を切り替える

プレビュー表示の状態。塗りや線のカラーが現れる

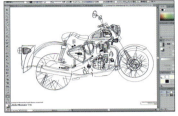
アウトライン表示の状態。塗りや線のカラーが消え、パスの情報だけが表示される

ドキュメントレイアウトの変更

複数のドキュメントを開いた場合は、ドキュメントレイアウトを指定できる。この機能はPhotoshop、InDesignでも利用できる

ウィンドウメニューから［新規ウィンドウ］を選ぶと、1つのドキュメントを複数の画面で表示が可能。上図ではプレビュー／アウトライン表示を並べて表示した例

ナビゲーターパネルを利用する

ウィンドウメニューから［ナビゲーター］を選び、ナビゲーターパネルを表示する。パネルにはドキュメントの表示領域が赤い枠線で表示される。枠線をドラッグする操作で画面表示を移動できる

表示倍率を直接指定する

ウィンドウ下の入力ボックスでは表示倍率を数値入力して変更が可能。下向きの三角ボタンをクリックするとポップアップメニューが現れるので、希望の倍率を選ぶこともできる。最大で64,000%の拡大が可能だ

● **InDesignの手のひらツールで、画面の表示領域を指定する**

InDesignでも、ズームツール、手のひらツールが使えます。手のひらツールでは、画面上でクリックしてしばらく待つと、赤い枠で画面の表示領域が示されますので、そのままドラッグして表示領域を指定することができます。

InDesignで手のひらツールを選択（左図）。画面上でクリックし、しばらく待つと画面がズームアウトし赤い枠が表示される（中図）。そのままドラッグして画面表示したい領域を指定する（右図）

Applications Basic Operation

1-10 カラーマネージメント

学習のポイント

- RGBカラーとCMYKカラーの色表示の違いを理解しよう。
- 色空間の種類を把握し、カラーマネージメントのしくみを理解しよう。
- アプリケーションでカラー設定を指定する方法を覚えましょう。

● RGBカラーとCMYKカラー

コンピュータで色を扱う場合はRGBカラーで画面表示されます。一方、プリントアウトした場合のカラーはCMYKカラーのインクで表現されます。グラフィックのソフトウェアでは、RGBカラーとCMYKカラーの両方のカラーモードを扱えます。色指定を行う場合は、どちらのカラーが適切かを意識する必要があります。ドキュメントを新規で作成するときや、カラーパネルなどで色指定する際に注意してください。

色が見えるしくみ

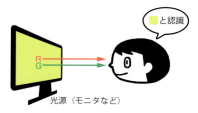

モニタでは光の色情報を直接見る。光はRGBカラーで表現される。左図では、R（レッド）とG（グリーン）が同時に表示されているので、Y（イエロー）と認識される

プリントしたものは光の色情報の一部が吸収される。左図では、B（ブルー）の光が吸収され、R（レッド）とG（グリーン）が目に入るので、Y（イエロー）と認識される

RGBカラーの混色

RGBカラーは「光の三原色」と呼ばれている。R（レッド）、G（グリーン）、B（ブルー）の3色を混色すると図のようになる。3色が混ざると白（無色）になる

CMYカラーの混色

CMYカラーは「色材の三原色」と呼ばれている。C（シアン）、M（マゼンタ）、Y（イエロー）の3色を混色すると図のようになる。3色が混ざると黒になる

RGBカラーの指定

ソフトウェアのカラーパネルでは、パネルメニューからカラーモードの切り替えができる。図は［RGB］を選んだところ。0〜255の値で各色の強さを指定する

CMYKカラーの指定

図は［CMYK］を選んだところ。0〜100％の値で各色の濃度を指定する。印刷では黒を別版として扱うので、CMYにK（黒）を加えて色指定する

● **色空間の種類とプロファイルを使ったカラーマネージメント**

RGBとCMYKの色空間（カラースペース）は異なります。そのため、モニタで見た色とプリントしたものの色が異なって見えることがあります。また、RGBカラーの色空間には、Webで利用される「sRGB」と、印刷で利用される「Adobe RGB」などがあります。適切なカラースペースを選んで作業してください。

モニタで表示したRGBカラーをプリントする場合には、RGBからCMYKへの色変換が必要です。また、デジタルカメラで撮影した写真データをPhotoshopなどで開く際にも、色空間を指定する必要があります。色空間を変換するには、ドキュメントにカラープロファイルの情報を含める必要があります。

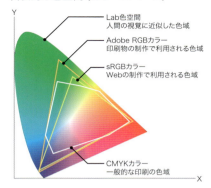

代表的な色空間（カラースペース）

代表的な色空間を示した。一般的な家電商品の色空間は sRGB が基準になっている。一方で、印刷の CMYK カラーは、sRGB のカラースペースと一致しないために、鮮やかなグリーンやブルーの色が色変わりすることがある。Adobe RGB は、sRGB より広い色空間を持つので、印刷においては Adobe RGB で作業することが推奨されている。ただし、Adobe RGB カラーを正確に表示するには、専用のモニタが必要になる

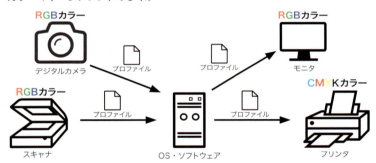

プロファイルを利用したカラーマネージメントのしくみ。ドキュメントに色空間の情報を記録したプロファイルを含めると、デバイス間での色変換が適切に行われる

● **アプリケーションのカラー設定**

アプリケーションでどのカラースペース（プロファイル）を使って作業するかは、編集メニューの［カラー設定］を選んで指定します。［設定］のポップアップメニューで、設定したいプリセットを選ぶだけで、推奨のカラースペースに設定されます。RGBカラーのドキュメントは、保存時にカラープロファイルを埋め込んでおきましょう。

ドキュメントにプロファイルを埋め込む

ドキュメントにプロファイルを埋め込むには、Photoshop で保存する時に［カラープロファイルの埋め込み］をチェックする

アプリケーションのカラー設定

編集メニューから［カラー設定］を選択、［設定］のポップアップメニューでプリセットを選ぶ

［Web・インターネット用 - 日本］を選ぶと作業用スペースの RGB が「sRGB」になる

［プリプレス用 - 日本2］を選ぶと作業用スペースの RGB が「Adobe RGB」になる

1章　アプリケーションの特徴と基本操作

10　カラーマネージメント

Applications Basic Operation

1-11　ドキュメントの保存とファイル形式

学習の
ポイント

- **Photoshop**でドキュメントを保存する方法を理解しましょう。
- **Illustrator**でドキュメントを保存する際は、バージョンを指定することができます。
- **InDesign**のIDML形式のドキュメントは、バージョンCS4以降で開くことができます。

● Photoshopでドキュメントを保存する

Photoshopでファイル保存する場合は、レイヤーやアルファチャンネルなどの情報を含めて保存する場合はPhotoshop形式を選択します。TIFFやEPS形式は印刷用途でよく利用されますが、レイヤーなどの情報が失われますので注意しましょう。また、バージョンの違いによる互換性にも気をつけてください。

ファイル保存時のフォーマットの選択

保存するときは、ファイルメニューから［保存］あるいは［別名で保存］を選ぶ

ファイル名を入力、保存場所を指定する。オプションのチェックボックスをオン／オフして仕様を確認する。［フォーマット］のポップアップメニューで希望のフォーマットを選択する

ファイルの互換性

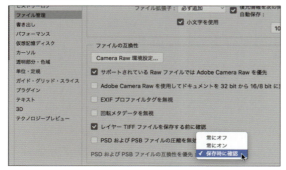

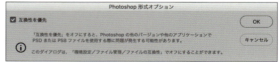

上位バージョンで搭載された機能を使い、下位バージョンで開く場合は、画像の一部が変換されてしまうことがあるので注意する。互換性を優先する場合は、環境設定の［ファイル管理］を選び、［ファイルの互換性］で［PSDおよびPSBファイルの互換性を優先］でオン／オフを切り替える。［保存時に確認］を選ぶと、保存する際に上図のような警告ダイアログが現れる

● **Illustratorでドキュメントを保存する**

Illustratorでファイル保存する場合は、一般的にはAdobe Illustrator形式を選択します。印刷入稿したり、Webで利用する場合などには、[Adobe PDF]を利用する場合もあります。[SVG][SVG圧縮]は、Webでベクトルデータを表示する場合に利用されるフォーマットです。

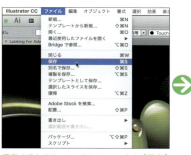

保存するときは、ファイルメニューから[保存]あるいは[別名で保存]を選ぶ

ファイル名を入力、保存場所を指定する。[ファイル形式]のポップアップメニューで希望のフォーマットを選択する

Adobe Illustrator形式で保存する際には、図のような[Illustrator オプション]ダイアログが現れる。オプションのチェックボックスをオン／オフして仕様を確認する

保存したドキュメントを下位バージョンで開く場合は、[バージョン]のドロップダウンメニューでバージョンを指定して保存する

● **InDesignでドキュメントを保存する**

InDesignでファイル保存する場合は、一般的にはInDesignドキュメント形式を選択します。保存したドキュメントを下位バージョンのInDesignで開くには、[InDesign CS4以降（IDML）]を選択すると、バージョンCS4以降のInDesignで開くことができます（文字組みが変わる場合があるので注意が必要）。

保存するときは、ファイルメニューから[保存]あるいは[別名で保存]を選ぶ

ファイル名を入力、保存場所を指定する。[ファイル形式]のポップアップメニューで希望のフォーマットを選択する

Applications Basic Operation

1-12　ドキュメントの印刷

学習の
ポイント

- Photoshopのドキュメントを印刷する操作を体験してみましょう。
- IllustratorやInDesignの［プリント］ダイアログは似た構造になっています。
- InDesignでは、ページもののデザインに便利な［見開き印刷］の指定ができます。

● **Photoshopのドキュメントを印刷する**

　ドキュメントを印刷してみましょう。ファイルメニューから［プリント］を選び［Photoshopプリント設定］ダイアログを表示します。ダイアログでプリンターの種類や用紙サイズ、レイアウトの縦／横、拡大・縮小率、トンボの有無や裁ち落としの指定を行います。印刷結果がプレビューされますので、間違いがないか確認して［プリント］ボタンをクリックします。

印刷したいドキュメントを開き、ファイルメニューから［プリント］を選ぶ

［Photoshop プリント設定］ダイアログが表示される。プリンターの機種をポップアップメニューで選び、部数やレイアウトの縦・横を指定する。用紙の種類は［プリント設定］ボタンをクリックし、［プリント］ダイアログを表示して指定する

ダイアログの表示をスクロールして、他のオプションを指定する。［位置とサイズ］フィールドでは、プリントの位置や拡大・縮小率を指定する。設定した内容で用紙にどのようにプリントされるかは、プレビュー画面で確認できる

［トンボとページ情報］フィールドでは、トンボやレジストレーションなどの有無を指定する。［その他の機能］フィールドで［裁ち落とし］ボタンをクリックすると、裁ち落としのサイズを指定できる。プレビュー画面を確認して［プリント］ボタンをクリックする

● **Illustratorのドキュメントを印刷する**

　Illustratorでも、プリント時の操作は共通です。ダイアログは、左のリストで項目を選び、画面を切り替えて設定できるようになっています。以下ではプリントするまでの流れを解説します。

印刷したいドキュメントを開き、ファイルメニューから［プリント］を選ぶ

［プリント］ダイアログが表示され、［一般］の画面が現れる。プリンターの機種をポップアップメニューで選び、部数やレイアウトの縦・横を指定する。［用紙サイズ］のポップアップメニューで用紙サイズを指定する

左側の設定項目のリストから、［トンボと裁ち落とし］を選ぶ。［すべてのトンボとページ情報をプリント］をチェック、裁ち落としの天地左右の値を3mmに設定した。プレビュー画面を確認し、［プリント］ボタンをクリックする

印刷結果は図のようになる。指定どおりに、トンボやレジストレーション、カラーバーが印字され、裁ち落としの領域も印刷されている

● **InDesignのドキュメントを印刷する**

　InDesignでも、プリント時の操作は共通です。InDesignでは、［見開き印刷］をチェックすると見開きページの状態で印刷を行うことができますので、雑誌などをデザインする際に便利です。

印刷したいドキュメントを開き、ファイルメニューから［プリント］を選ぶ

［プリント］ダイアログでは、プリンターを選び、コピー（部数）やページ範囲を指定する。［見開きページ］をチェックすると上右図のような左右ページが並んでプリントされる。用紙サイズの変更は、左側のリストから［設定］を選び、画面を切り替えて設定する

Applications Basic Operation

1-13 PDFドキュメントの保存・書き出し

学習の
ポイント

● PDFドキュメントで書き出すメリットを知っておきましょう。
● Illustrator、Photoshopでは、[別名で保存]コマンドでPDFを保存します。
● InDesignでは、[書き出し]コマンドでPDFを書き出します。

● IllustratorでPDFドキュメントを作成する

　PDFドキュメントは、リンクファイルを埋め込むことができ、ファイルサイズも小さくなります。フォントも埋め込まれ、どのマシンでも同じように表示することができるので、校正や印刷入稿の用途でも利用される機会が増えています。Illustratorでは、保存形式で「Adobe PDF」が選べるようになっています。

Illustratorでドキュメントを開き、ファイルメニューから[別名で保存]を選ぶ

ファイル形式のポップアップメニューで[Adobe PDF]を選択する。ドキュメントの拡張子が「.pdf」になる。[保存]をクリックする

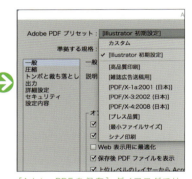

[Adobe PDFを保存]ダイアログでは、[Adobe PDFプリセット]で書き出し方式を選択する

左側のリスト項目から、設定する項目を選択する。上図は[一般]を選んだところ。[Illustratorの編集機能を保持]をチェックすると、PDFドキュメントをIllustratorで編集できるようになる

左側のリスト項目から[圧縮]を選んだところ。カラーやグレースケール、白黒画像のダウンサンプル（画像のリサイズ）の指示や圧縮の方法を選択できる

34

左側のリスト項目から［トンボと裁ち落とし］を選んだところ。トンボの種類を選び、裁ち落としを指定すると、書き出したPDFドキュメントにトンボが付き、裁ち落としの領域も含めて書き出されるようになる

● InDesignでPDFドキュメントを作成する

　InDesignでは、ファイルメニューから［書き出し］を選び、PDFを書き出します。ページものの印刷は、印刷時に面付けを行うので、ページ単位で出力を行って印刷入稿するのが一般的です。

印刷用途では、ファイルメニューから［書き出し］を選び、［形式］のポップアップメニューで［Adobe PDF（プリント）］を選ぶ。［Adobe PDF（インタラクティブ）］は、ボタンなどのインタラクティブ要素を維持して書き出す必要がある場合に利用する

［Adobe PDFを書き出し］ダイアログで、書き出す際の仕様を設定する。操作の手順はIllustratorの場合とほぼ同じ。InDesignでは［ページ］か［見開き印刷］のどちらかを指定して書き出す。上の作例は［ページ］を選び、単ページで書き出したもの

● PhotoshopでPDFドキュメントを作成する

　Photoshopでは、ファイルメニューから［別名で保存］を選び、PDFファイルを保存します。フォントやベクトル画像およびビットマップ画像が正確に表示され、保持されます。

ファイルメニューから［別名で保存］を選び、［フォーマット］のポップアップメニューで［Photoshop PDF］を選び、［保存］をクリックする

［Adobe PDFを書き出し］ダイアログで、書き出す際の仕様を設定する。操作の手順はIllustratorの場合とほぼ同じ

• COLUMN •

Adobe Bridgeを活用する

Adobeのアプリケーションと連動するAdobe Bridgeを使うと、
作業効率が飛躍的に高まります。

　Adobe Bridgeはユーティリティソフトウェアで、画像の閲覧やファイル管理を行う機能が多数搭載されています。

　たとえば、デジタルカメラで大量に写真撮影した場合は、ファイルを整理して、利用したいファイルをチョイスします。Bridgeで写真が入っているフォルダを開き、サムネールの大きさを調整して写真を閲覧できます。選択した写真はプレビューパネルに大きく表示され、撮影で使用したレンズや絞り値などの細かなデータがカメラデータパネルに表示されます。好みの写真には星（★）のマークをつけてレーティングすることもできます。

　スライドショーが可能で、表示オプションでスライドの表示時間や、切り替え方法も設定できます。プレゼンテーションの場で利用するとよいでしょう。

　ファイル名のリネームもできます。撮影後のファイル名は数字で表示されますが、プロジェクト名などのわかりやすい名前にしておくとよいでしょう。ファイル名の変更はバッチ処理で一括で行えます。

　そのほか、Adobeソフトウェアのカラー設定を一元管理することもできます。

Adobe Bridge CCのアプリケーションアイコン

Bridgeの初期画面。デジタルカメラで撮影したフォルダをBridgeで開くと、写真のサムネイルが一覧で表示される

ウィンドウ下のスライダーでサムネイルの大きさを変更できる。カメラデータパネルには撮影時のデータが表示される

ウィンドウメニューでは、パネルの表示のオン／オフを切り替えることができる

ラベルメニューでは、写真にレーティングなどのラベリングができる

表示メニューから［スライドショー］を選ぶとスライドショーが始まる

表示メニューから［カラー設定］では、複数のアプリケーション間でカラー設定を同期できる

Photoshop Basic Operation

2章

Photoshopの基本操作

Photoshop Basic Operation
2-01 Photoshopのインターフェイス

学習の
ポイント

- Photoshopの作業画面の基本を覚えましょう。
- ツールパネルの下には描画色／背景色の指定やモードの切り替えボタンがあります。
- パネルからメニューを呼び出したり、ボタン操作でさまざまなコマンドを実行できます。

● Photoshopの作業画面

　Photoshopのインターフェイスは、写真データの左側にツールパネル、上部にツールオプションバー、右側にドックがあります。開いている写真の情報は、タブに表示されるファイル名やウィンドウ下のプレビューボックスに表示されます。

ツールオプションバー

ツールパネル

ドック

開いているドキュメントのタブには、ファイル名、画面表示の拡大縮小率、選択中のレイヤーの名前、カラーモードの情報が表示される。上図は「背景」レイヤーでRGBカラー、8ビットチャンネルであることがわかる

ウィンドウ下のプレビューボックスには、「ファイルサイズ」「ドキュメントのプロファイル」「ドキュメントのサイズ」などが表示される。三角ボタンをクリックするとメニューが現れ、表示内容を切り替えることができる

optionキーを押しながらプレビューボックスをクリックすると、ドキュメントの基本情報である「幅」「高さ」「チャンネル」「解像度」の情報が表示される

● 描画色と背景色、モードの切り替え

ツールパネルの下部は、「描画色」「背景色」の設定や切り替えを行うボタンがあります。また「クイックマスクモード」に切り替えるボタンや、スクリーンモードを切り替えるボタンもあります。

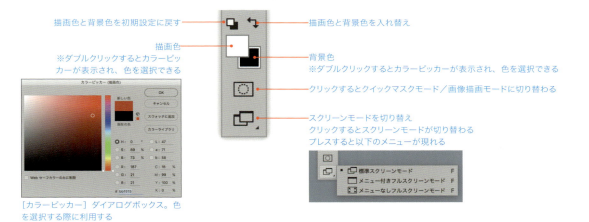

[カラーピッカー] ダイアログボックス。色を選択する際に利用する

● パネルの操作

Photoshopに限らず、グラフィックソフトウェアではパネルを操作してコマンドを実行する機能が充実しています。パネルからメニューを呼び出したり、ボタン操作を行ったりすることができます。以下ではPhotoshopで使用頻度の高いレイヤーパネルを例に、パネル操作のポイントを解説します。

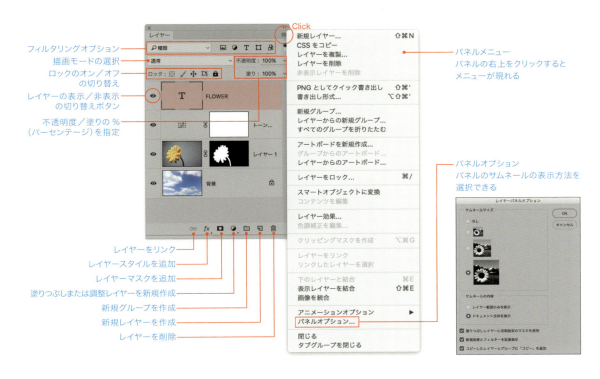

Photoshop Basic Operation
2-02 ピクセル、画像サイズ、画像解像度

学習の ポイント
- 写真のデータはピクセル（画素）がマトリクス状に並び、自然な階調を表現しています。
- 画像サイズはピクセル数で表します。ピクセルの大きさは画像解像度で表します。
- 「画像解像度」コマンドでピクセル数やプリントサイズを確認できます。

● **写真はピクセル（画素）、印刷物はドット（網点）で表される**

写真のデータは、小さい四角形の粒で表現されています。この粒をピクセル（画素）と呼びます。

写真データをPhotoshopで開き、ツールパネルのズームツールを選び、クリックあるいはドラッグして画面表示を最大限に拡大すると、ピクセルの小さな四角形が確認できます。

個々のピクセルは色情報を持っています。写真データは、ピクセルが集合して自然な階調を表現しています。写真データを、ビットマップデータと呼ぶこともあります。

一方、プリントしたフルカラー画像は、小さなドット（網点）で表現されています。CMYKカラーでプリントした印刷物をルーペで拡大すると、C（シアン）、M（マゼンタ）、Y（イエロー）、K（ブラック）の微細なドットでイメージが表現されています。

Photoshopを立ち上げ、写真データを開く

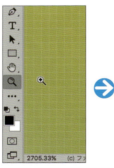

写真データはピクセルが集合して自然な階調を表現している。Photoshopのツールパネルでズームツールを選び、画面表示を拡大すると、四角形のピクセルが肉眼で確認できる

印刷物は、小さなドット（網点）が集合して表現されている。フルカラーの印刷物は、ルーペで拡大すると、小さなドット（網点）が確認できる

TOOLS解説

 ズームツール

画像の表示を拡大したり縮小したりします。

● **画像サイズと画像解像度**

画像サイズは、ピクセルの総数で表されます。幅と高さに何個のピクセルが並んでいるかがわかれば、その画像のピクセル総数が計算できます。幅：1,200ピクセル、高さ：800ピクセルの画像の場合は、1,200×800＝960,000の画素を持ちます。

ピクセルの大きさは、画像解像度で表します。画像解像度は、1インチに何個のピクセルが並んでいるかを表し、「PPI」という単位で表記します。画像解像度が大きいほど、ピクセルは小さくなります。

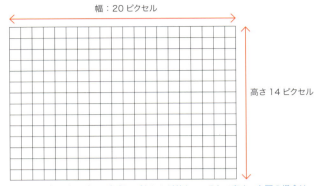

画像サイズは、幅と高さに何個のピクセルが並んでいるかを表す。上図の場合は、幅：20ピクセル、高さ：14ピクセルで、総画素数は20×14＝280である

画像解像度は1インチに何個のピクセルが並んでいるかを表す。単位は「PPI」（Pixel / Inch）で表記する

● **画像サイズと画像解像度を確認する**

イメージメニューから［画像解像度］を選ぶと、開いている写真のピクセル数や画像解像度を確認できます。単位を「mm」や「cm」に変更すると、プリントしたときのサイズを確認できます。

写真を開き、イメージメニューから［画像解像度］を選択する

上図のようなダイアログが現れる。単位のポップアップメニューで「pixel」や「mm」を指定できる

単位を「pixel」にすると、画像の幅、高さのピクセル数を確認できる

単位を「mm」にすると、プリントしたときのサイズを確認できる

Photoshop Basic Operation

2-03　新規ドキュメントを作成してペイントする

- 新規ドキュメントは、Webや印刷などの利用目的に応じて設定する必要があります。
- ブラシのサイズ（直径）やぼけ具合（硬さ）を、ブラシパネルで調整します。
- 描画色と背景色を指定し、ブラシでペイントしてみましょう。

● 新規ドキュメントを作成する

　Photoshopで新規ドキュメントを作成してみましょう。ファイルメニューから［新規］を選び、ダイアログを表示させ、幅や高さを指定します。単位は、Web用途なら［pixel］、印刷用途なら［mm］や［cm］を選ぶとよいでしょう。解像度やカラープロファイルも、用途に合わせて指定します。

Photoshopでファイルメニューから［新規］を選択する

Web用途の場合の設定例。単位を［pixel］にして幅と高さを指定。解像度は［72］、カラープロファイルは［sRGB］を指定した

印刷用途の場合の設定例。単位を［mm］にして幅と高さを指定。解像度は［350］、カラープロファイルは［Adobe RGB］を指定した

新規ドキュメントが作成されたところ

> **MEMO**
> カラープロファイルを選択することでカラースペース（色空間）が変わります。Web用途の場合は［sRGB］が標準です。印刷用途の場合は、より広い色空間をもつ［Adobe RGB］に指定する、などの方法があります。

● ブラシのサイズ（直径）やぼけ具合（硬さ）を調整する

作成したドキュメントにブラシで着色してみましょう。ブラシツールを選び、ツールオプションバーでパネルを表示し、［直径］でブラシのサイズ、［硬さ］でエッジのぼけ具合を指定します。ブラシパネルやブラシプリセットパネルを利用したり、ショートカットキーで［直径］や［硬さ］を変更することもできます。

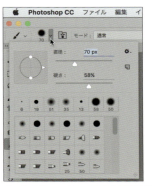
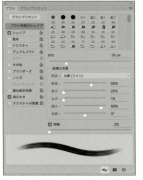
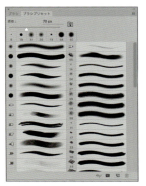

ツールパネルでブラシツールを選択する

ツールオプションバーで下向きの三角ボタン「▼」をクリックしてパネルを表示し、ブラシの［直径］や［硬さ］を設定する（左図）。ブラシパネルは、ブラシ先端のオプションを選択して新しいブラシを作成できる（中図）。ブラシプリセットパネルは、自作のブラシに名前を付けて保存することができる。また、設定済みのブラシを一覧で表示することもできる（右図）

左右方向にドラッグ

垂直方向にドラッグ

option + control キーを押しながらドラッグ（Windowsの場合はAltキーを押しながら右クリックでドラッグ）する操作で、ブラシの直径と硬さを変更できる。左右方向にドラッグすると直径が変わり、垂直方向にドラッグすると硬さが変わる

TOOLS 解説

 ブラシツール

ブラシで描いたようなストロークをペイントします。

● 色を選択し、描画色と背景色でペイントする

スウォッチパネルには主要な色が登録されています。描画色を指定し、ブラシでペイントしてみましょう。背景色に色が指定されている場合は、消しゴムツールでペイントすると背景色が現れます。

TOOLS 解説

 消しゴムツール

ドラッグしてピクセルを消去します。

描画色の色をスウォッチパネルで指定し、ブラシツールでドラッグして色を塗ったところ

背景色に色が指定されている場合は、ツールパネルで消しゴムツールを選択し画面上でドラッグすると、背景色が現れる

43

Photoshop Basic Operation

2-04 選択範囲の作成／編集／塗りつぶし

学習の ポイント
- 選択範囲を作成し、カラーやグラデーションで塗りつぶしてみましょう。
- 作成した選択範囲は、移動したり、変形したりすることができます。
- なげなわツールや多角形選択ツールで選択範囲を作成してみましょう。

● 選択範囲を作成し、カラーやグラデーションで塗りつぶす

楕円形選択ツールで楕円の選択範囲を作成し、カラーやグラデーションで塗りつぶしてみましょう。選択範囲を作成後、塗りつぶしツールやグラデーションツールを使って塗りつぶすことができます。

MEMO 選択範囲の塗りつぶしは、編集メニューから[塗りつぶし]を選択、内容のポップアップメニューで[描画色]や[背景色]などを選択しても行えます。

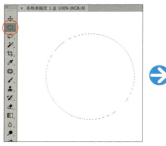

ツールパネルから楕円形選択ツールを選び、画面上でドラッグして円形の選択範囲を作成する

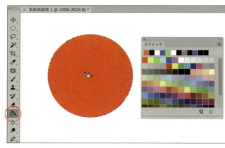

ツールパネルで塗りつぶしツールを選択する。スウォッチパネルなどで描画色を選択し、選択範囲の中にカーソルを合わせクリックすると、描画色で塗りつぶされる

TOOLS解説

 選択ツール
長方形、楕円形、1行／1列を選択します。

塗りつぶしツール
近似値の範囲を描画色で塗りつぶします。

 グラデーションツール
カラーのグラデーションを作成します。

ツールパネルでグラデーションツールを選択。ツールオプションバーでパネルを表示し、グラデーションの種類を選ぶ

円形の選択範囲の上から、全体を横切るようにドラッグする。ドラッグした長さや角度に応じたグラデーション塗りが適用される

● 選択範囲の編集

作成した選択範囲は、選択範囲内にカーソルを置いて移動することができます。また、選択範囲メニューから［選択範囲を変形］を選ぶと、周囲にハンドルが表示され、ハンドルを操作して変形が可能です。また選択範囲を追加したり、一部を削除したり、共通の選択範囲を作成することもできます。

選択範囲の移動

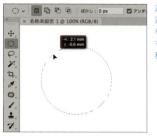

選択範囲を作成し、選択範囲にカーソルを合わせてドラッグすると、選択範囲を移動できる

選択範囲の変形

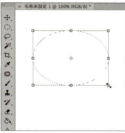

選択範囲を作成し、選択範囲メニューから［選択範囲を変形］を選ぶと、選択範囲の周囲にハンドルが現れる。このハンドルをつかんでドラッグする操作で、選択範囲の形を変形できる

選択範囲の追加・削除

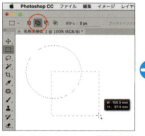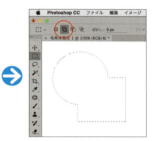

ツールオプションバーで［選択範囲に追加］を選び、元の選択範囲に重ねて新たに選択範囲を作成する

［選択範囲に追加］では、2つの選択範囲が合体する

［現在の選択から一部削除］を選ぶと、元の選択範囲の一部が削除される

［現在の選択との共通範囲］を選ぶと、元の選択範囲と共通する部分が選択範囲になる

● なげなわツール、多角形選択ツール

そのほかのツールで選択範囲を作成してみましょう。なげなわツールは、フリーハンドでドラッグして、自由な形で選択範囲を作成することができます。多角形選択ツールは、フリーハンドでクリックしながら多角形の選択範囲を作れます。ドラッグして選択範囲を作成中に一時的にoptionキーを押すと、なげなわツール／多角形選択ツールを相互に切り替えることができます。

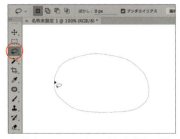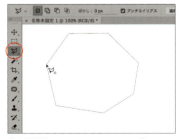

なげなわツールは、ドラッグした軌跡で選択範囲を作成できる

多角形選択ツールは、コーナーのポイントでクリックして多角形の選択範囲を作成できる

TOOLS解説

なげなわツール
フリーハンドで選択範囲を作成します。

多角形選択ツール
まっすぐなエッジの多角形で選択範囲を作成します。

Photoshop Basic Operation
2-05　写真をトリミングする

学習の ポイント
- デジタルカメラで撮影した画像を開き、切り抜きツールで画像をトリミングしてみよう。
- トリミングする際、切り抜いた後の画像のサイズや解像度を指定することができます。
- 水平・垂直の角度を計測して画像を切り抜くことができます。

● 切り抜きツールで画像をトリミングする

　デジタルカメラで撮影する場合は、対象となる被写体の周囲に余裕をもたせて撮影し、後で周囲を切り抜いて使用することが多いでしょう。このような、写真の周囲を四角で切り抜くことを「トリミング」と言います。

　Photoshopではトリミングの作業は切り抜きツールを使って行います。画像を開き、切り抜きツールを選び、切り抜きたい形に四角形のサイズを調整し、returnまたはenterキーを押して切り抜きを実行します。

TOOLS 解説

 切り抜きツール

画像の周囲を切り抜き、トリミングします。好みのサイズにドラッグして切り抜く範囲を指定し、returnキーやenterキーを押して切り抜きを実行します。

ドラッグ操作で切り抜く範囲を指定してトリミングする

 ➡  ➡

切り抜きツールを選択する。［切り抜きツールのオーバーレイオプション］では画面上に表示されるガイドの種類を選択できる

四角形の四隅と辺中央のハンドルをつかんでドラッグし、切り抜きたい形に変形する

四角形の中をつかんでドラッグすると、切り抜く領域を移動させることができる

トリミングをやり直す

 ➡ 　

四角形の外側にカーソルを置くと、カーソルの形が円弧の形になる。この状態でドラッグすると、画像を回転できる

トリミングの形が決まったら、returnまたはenterキーを押してトリミングを実行する

ツールオプションバーで［切り抜いたピクセルを削除］をオフにしておくと、元画像は残るので、後でトリミングのやり直しができる

● サイズ、解像度を指定して切り抜く

　切り抜きツールで画像を切り抜く際、ツールオプションバーで切り抜いた後の比率や画像サイズ、解像度を指定することができます。レイアウトで画像を使用する場合は、最終のサイズに合わせて解像度を設定する必要がありますので、この方法を覚えておくと便利です。

切り抜きツールを選び、ツールオプションバーで［幅×高さ×解像度］を選択する。入力ボックスに切り抜き後のサイズ、解像度の値を入力する

切り抜きツールで周囲のハンドルをつかんでドラッグし、切り抜きたい大きさに合わせる。ドラッグする際は、四角形の縦横比が固定される

returnまたはenterキーを押して切り抜きを実行する。イメージメニューから［画像解像度］を選び、指定のサイズ、解像度で切り抜かれていることを確認しよう

● ものさしツールで角度補正して切り抜く

　切り抜きツールを選び、ツールオプションバーの［角度補正］を利用すると、写真の水平・垂直のラインの角度をものさしツールで測って角度を補正することができます（ものさしツールは選ぶ必要がありません）。

　さらに［コンテンツに応じる］をチェックしておくと、切り抜いた周囲に現れる余白部分を自動的に補完することもできます。

切り抜きツールを選び、ツールオプションバーで［角度補正］ボタンをクリック。［コンテンツに応じる］をチェックする

カーソルがものさしツールの形に変わる。水平線に合わせてドラッグして直線を描く。角度がリアルタイムで表示される

TOOLS解説

 ものさしツール

ワークスペース内でドラッグして印刷されない線を描き、2点間の距離や角度を測定できます。測定結果はオプションバーと情報パネルに表示されます。

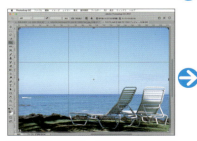

マウスボタンを放すと、定規で計測した角度に応じて切り抜きが実行される。周囲がコンテンツに応じて補完される

切り抜きツールで必要な部分だけを切り抜いてトリミングを完成させる

Photoshop Basic Operation

2-06　画像を修復するツール

学習のポイント
- 画像にある小さなゴミやキズなどの不要部分は消去しておきましょう。
- 修復ツールにはさまざまな種類があります。使い方を学びましょう。
- コンテンツに応じた移動ツールを使って、広い画像領域を移動してみましょう。

● コピースタンプツールで画像の不要な部分を消去する

撮影時に写り込んでしまったゴミやキズ、あるいはスキャン時に拾ってしまった埃などは、コピースタンプツールで消去することができます。コピースタンプツールの使い方は、コピー元の場所をoptionキーを押しながらクリックして指定し、ゴミやキズの上でドラッグしてペイントします。不透明度や流量を変化させてペイントすることもできます。

TOOLS 解説

コピースタンプツール

指定した場所の画像をコピーして、別の場所にペイントすることができます。画像からゴミやキズなどの不要な部分を消去することができます。

コピー先を指定してペイントする

コピースタンプツールを選び、option + controlキーを押しながら上下、左右にドラッグして、ブラシサイズを調整する

画像の黒い汚れを背景の青い色で塗りつぶす。コピースタンプツールでoptionキーを押しながら、コピー元をクリックする

黒い部分をマウスドラッグしてコピースタンプツールで塗ると、コピー元の青い背景色で塗られ、汚れを消去できる

不透明度や流量を変えながらペイントする

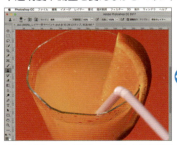
オレンジジュースの画像で、果肉の粒やグラス面の水滴をコピースタンプツールで消してみよう

オプションツールバーにある［不透明度］や［流量］を変えながら、コピースタンプツールでペイントする

別レイヤーにペイントする

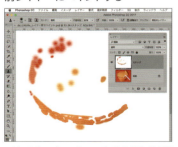
コピースタンプツールでペイントする作業を別レイヤーにすることもできる。レイヤーの詳細については 56 ページ参照

● スポット修復ブラシツール、修復ブラシツール、パッチツール、コンテンツに応じた移動ツール

修復用にはさまざまなツールが用意されています。コピースタンプツールと同様、周囲のどの部分を選ぶかで仕上がりが変わってくるものもあります。また、周囲の画像となじむよう自動で塗りつぶしてくれるツールもあります。各ツールを試して、自然な仕上がりになるよう練習してみましょう。

スポット修復ブラシツール

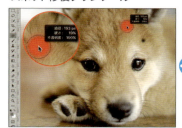
スポット修復ブラシツールを選び、option + control キーを押してブラシサイズを調整する

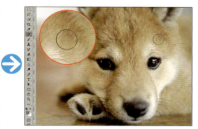
消去したい汚れの上でクリックまたはドラッグする。周囲になじむように塗りつぶされる。小さな汚れに有効なツールだ

修復ブラシツール

修復ブラシツールを選び、option キーを押しながらクリックしてコピー元を選ぶ

消去したい汚れの上でクリックまたはドラッグする。コピー元から色を抽出して塗りつぶされる。自然になじむようにペイントされる

パッチツール

パッチツールを選び、修復したい場所をドラッグして囲み、選択範囲を作成する

ドラッグして周囲の画像から自然に見えるコピー元を探す。マウスボタンを放すと塗りつぶされる。広い面積の修正に有効なツールだ

TOOLS解説

 スポット修復ブラシツール
除去したい箇所をペイントすると、修復領域の周りから自動的にサンプルを取得して塗りつぶします。

 修復ブラシツール
指定した場所の画像をコピーして、別の場所にペイントすることができます。適用先の明るさや色合いがなじんで塗りつぶされます。

 パッチツール
画像上の不要なものを、画像上の他の部分をパッチのように使って汚れを削除したり修復することができます。

 コンテンツに応じた移動ツール
選択した範囲を周囲になじむようにして別の場所へ移動できます。

コンテンツに応じた移動ツール

コンテンツに応じた移動ツールを選び、[モード：移動] に設定する。移動したい部分をドラッグして囲み、選択範囲を作成する

そのままドラッグして、選択した画像領域を移動する

マウスボタンを放すと、元の画像領域が周囲となじむように塗りつぶされ、移動した画像領域も周囲となじむようになる

Photoshop Basic Operation

2-07 写真の特定の色域を選択する

学習の
ポイント

● 自動選択ツールを利用して、特定の色域を選択することができます。
● クイック選択ツールを利用して、ペイント操作で選択範囲を作成することができます。
● 「色域指定」コマンドを利用して選択範囲を作成することができます。

● 自動選択ツールを利用して特定の色域を選択する

画像の背景が均一の色調であれば、自動選択ツールで画像の背景だけ、あるいはオブジェクトだけを選択することができます。背景部分をクリックし、どれくらいの近似色まで含めるかを許容値で指定します。［隣接］をオフにすると画像内のすべてが対象となります。背景以外のオブジェクトを選択したい場合は、選択範囲を反転します。

TOOLS解説

 自動選択ツール

画像の上をクリックして、クリックした色の近似値を含んだ範囲を選択します。

自動選択ツールで背景を選択し、選択範囲を反転する

自動選択ツールを選び、ツールオプションバーで［新規選択］、［許容値：20］、［アンチエイリアス：オン］、［隣接：オン］に設定する

背景の白い部分をクリックすると、背景の白い領域全体が選択される

花を選択範囲にするには、選択範囲メニューから［選択範囲を反転］を選ぶ

自動選択ツールで許容値を変えて選択する

自動選択ツールを選び、ツールオプションバーで［新規選択］、［許容値：20］、［アンチエイリアス：オン］、［隣接：オフ］に設定する

背景の青い部分をクリックする。背景の一部が選択された。ショートカット、⌘＋Dキーを押して選択を解除する

［許容値：100］に変更して同じ操作を行う。今度は背景全体が選択された

50

● クイック選択ツールを利用してオブジェクトを選択する

　クイック選択ツールは、ブラシでペイントするような操作で選択範囲を作成することができます。クイック選択ツールを選び、選択したい領域をマウスでドラッグすると、画像内で定義された境界線を自動的に見つけて、選択範囲が拡大します。

TOOLS解説

クイック選択ツール

調整可能な丸いブラシ先端を使用して選択範囲をすばやくペイントします。

クイック選択ツールを選び、ツールオプションバーで［新規選択］あるいは［選択範囲に追加］を選び、空の上でドラッグする

ドラッグする範囲を広げて、空が全部選択されたら、マウスボタンを放す

選択範囲を解除する。海や砂の領域も、同じ方法で選択することができる。上図は海の領域を選択したところ

●「色域指定」コマンドを利用して選択範囲を作成する

　［色域指定］コマンドを利用すると、既存の選択範囲または画像全体から、指定したカラーの領域の選択範囲を作成することができます。以下ではカップの色を選択して、さらに色を変更してみましょう。

画像は何も選択されていない状態で、選択範囲メニューから［色域指定］を選ぶ

ダイアログが表示される。カップの青い部分をクリックする。選択範囲が白で表示される

選択範囲の領域の調整は［許容量］のスライダーで調整できる。上図ではスライダーを右に動かし、選択範囲を広げたところ

［選択］のドロップダウンメニューでは、特定のカラーやハイライト、シャドウなどを選択できる。選択ができたら［OK］ボタンを押す

選択範囲が現れる。ここではカップの色を変更する。イメージメニューから［色調補正］→［色相・彩度］を選ぶ

［色相・彩度］ダイアログが表示される。［プレビュー］をチェックし、［色相］のスライダーを動かして色を変更する

Photoshop Basic Operation

2-08　選択範囲を編集する

学習のポイント
- 選択範囲を作成し、変形や移動の操作を試してみよう。
- 移動ツールで選択範囲を移動、あるいは選択した画像領域を複製できます。
- 「選択とマスク」機能を使って、境界線を調整して選択範囲を作成してみよう。

● 選択範囲を変形／移動／複製する

　ここでは、選択範囲を作成した後で変形する操作と、移動ツールを使って選択範囲を移動する操作を試してみましょう。作例の画像は背景画像なので、選択範囲を移動すると元の画像部分には背景色が現れます。後述するレイヤー画像でも同様の操作ができますが、レイヤー画像では移動したピクセルがなくなると、元の部分は透明になります。

TOOLS解説

移動ツール

画像の選択範囲やレイヤー、ガイドを移動します。よく使うツールなので、ツールパネルの最上部にあります。

選択範囲を変形／移動する

 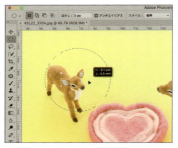

楕円形選択ツールを選び、ドラッグして鹿の人形を囲むように選択範囲を作成する。shihtキーを押しながらドラッグすると正円の選択範囲ができる

選択範囲の形を変形する。選択範囲メニューから[選択範囲を変形]を選ぶと、周囲にハンドルが表示され、ドラッグして変形が可能になる。returnキーを押すと確定する

選択範囲を作成した後、選択範囲の中にカーソルを置いてドラッグすると、選択範囲を移動することができる

移動ツールで選択範囲を移動する

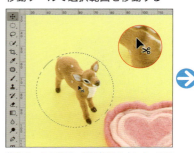 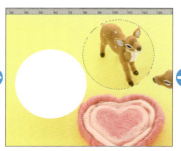 

移動ツールを選び、選択範囲の中にカーソルを置く。カーソルにハサミの形が現れる

そのままドラッグして移動する。元の画像があった場所は背景色が現れる

移動ツールでoptionキーを押しながらドラッグすると、元の画像は残り、選択した画像領域を複製して移動することができる

● 「選択とマスク」を使い、境界線を調整して選択範囲を作成する

　Photoshop CCでは、「選択とマスク」機能を使うと、人間の髪の毛や動物のふさふさした毛並みがある写真でも、正確な選択範囲を素早く作成できます。「選択とマスク」のワークスペースは、Photoshop の以前のバージョンの「境界線を調整」ダイアログボックスが新しい専用ワークスペースで利用できるようになったものです。オプションのスライダーや境界線調整ブラシなどのツールを使用して、前景エレメントと背景エレメントを分離して際立たせることができます。

毛並みのふさふさした犬の写真を開く。上図では、自動選択ツールを利用して背景を選択し、選択範囲を反転させ、おおまかに犬の選択範囲を作成した

ツールオプションバーの［選択とマスク］をクリック、あるいは選択範囲メニューから［選択とマスク］を選ぶ

属性パネルが現れる。［背景］のドロップダウンリストで、画面の表示モードを選択する。図では［オーバーレイ］を選択した

［オーバーレイ］の表示モードでは、カラーや不透明度を変更して、選択範囲が見やすくなるように調整する。図では不透明度を上げて濃い赤に変更した

［エッジの検出］で［半径］のスライダーを動かして、毛並みがきれいに切り抜かれるように調整する。「スマート半径」をチェックすると、半径の幅を自動的に調整する

［グローバル調整］では、境界領域を［滑らかに］［ぼかし］［コントラスト］［エッジをシフト］の各項目で調整できる

［出力方法］の［出力先］のポップアップメニューで作成した選択範囲の処理方法を指定する。ここでは［新規レイヤー］を選び、［OK］ボタンをクリックする

新規レイヤーが作成される。犬の背景部分は切り抜かれて透明になっている（レイヤーの解説は56ページ参照）

レイヤーを追加し、背景に別の画像を配置する。図のように犬の輪郭がきれいに切り抜かれているのがわかる

2章 Photoshop の基本操作

08 選択範囲を編集する

53

Photoshop Basic Operation

2-09 クイックマスクとクリッピングパス

学習のポイント
- クイックマスク編集モードで、選択範囲をブラシで塗りつぶして作成してみましょう。
- 選択範囲を保存しておくと、チャンネルパネルで選択範囲を読み込むことができます。
- オブジェクトの輪郭をペンツールでトレースし、描いたパスを保存することができます。

● クイックマスクで選択範囲をペイントして作成する

背景とオブジェクトの境界があいまいで、自動選択ツールやクイック選択ツールでオブジェクトが選択しづらい場合は、クイックマスクを利用して選択範囲を作ることができます。ブラシでペイントして塗りつぶした領域が選択範囲になります。

なげなわツールを使って、選択範囲にしたい内側をおおまかに選択する

[クイックマスクモードで編集] ボタンをダブルクリックしてダイアログを表示。[選択範囲に色を付ける] を選択する

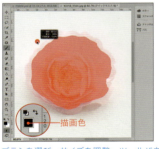

ブラシを選び、サイズを調整。ツールパネルで描画色を黒に設定する

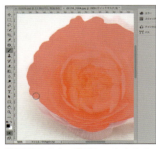

選択範囲にしたい領域をペイントする。描画色は黒だが、画面上ではクイックマスクモードの表示色のカラーで塗りつぶされる

誤ってペイントしてしまった場合は、消しゴムツールでドラッグして消去できる

細かい箇所はツールオプションバーのブラシプリセットピッカーを開き、サイズを調整する

選択範囲にしたい領域を塗りつぶしたところ

[画像描画モードで編集] ボタンをクリックする。塗りつぶした領域が選択範囲になる

● 選択範囲を保存する／読み込む

選択範囲は保存することができます。保存した選択範囲は白黒のマスク画像になり、新規チャンネルに保存されます。選択範囲を表示するには、チャンネルパネルで⌘キーを押しながらクリックします。

選択範囲が表示された状態で、選択範囲メニューから［選択範囲を保存］を選ぶ

ダイアログが表示される。［チャンネル：新規］を選び、名前を入力し、［OK］をクリック

選択範囲はチャンネルパネルに表示される。選択範囲を読み込むには、チャンネルのサムネールを⌘キーを押しながらクリックする

● クリッピングパスを作成してオブジェクトを切り抜く

シャープなエッジのオブジェクトの場合は、ペンツールを使って輪郭をトレースし、そのパスを保存しておきます。「クリッピングパス」を指定すると、IllustratorやInDesignに配置した時、オブジェクト（パス）の形に切り抜かれます。また、作成したパスを選択範囲に変換することもできます。

TOOLS 解説

 ペンツール

ベジェ曲線のパスを描くことができます。

ペンツールを選び、標識の輪郭に沿ってベジェ曲線を描き、閉じた図形を作成する。ペンツールの使い方は 104 ページ参照

パスを描き終えたら、パスパネルを表示し、パネルメニューから［パスを保存］を選ぶ

名前をつけて［OK］をクリックする。ここでは「パス1」の名前で保存している

レイアウトソフトで配置した時にパスで切り抜かれるようにするには、パスパネルメニューで［クリッピングパス］を選択する

ダイアログが表示されるので、切り抜きに使用するパス名を選び、［OK］をクリックする

パスを選択範囲に変換することも可能。パスパネルでパスを選択し、［パスを選択範囲として読み込む］をクリックする

Photoshop Basic Operation

2-10 レイヤーによる写真の合成

学習のポイント
- 新規レイヤーを作成し、画像を合成してみましょう。
- レイヤーパネルにあるボタンや機能、役割を覚えよう。
- レイヤーを選択し、不透明度を下げたり、描画モードを切り替えてみましょう。

● 新規レイヤーを作成し、画像を合成する

　Photoshopでは、画像合成に限らず、補正作業やテキスト・オブジェクトを配置してレイアウトする際に、レイヤーを使って作業します。まず、レイヤーの仕組みやレイヤーパネルの使い方を覚えておきましょう。

　デジタルカメラで撮影した画像は「背景」レイヤーとして現れますが、レイヤーパネルで「背景」の名前をダブルクリックすると、浮き上がった状態のレイヤー画像になります。移動ツールで別の画像を重ねたり、別の画像をコピー＆ペーストすると、新規レイヤーが自動的に作成されます。

レイヤーを作成し、背景を透明にする

デジタルカメラで撮影した画像を開く。レイヤーパネルの「背景」と書かれている部分をダブルクリックする

［新規レイヤー］ダイアログが表示される。レイヤー名を付けて［OK］ボタンをクリックする

背景部分を選択し、deleteキーを押すと背景のピクセルがなくなり透明になる。透明部分は格子のグリッドが表示される

移動ツールやコピー＆ペーストで画像を配置する

もう一枚画像を開き、レイヤー状にして背景が透明の画像を移動ツールでドラッグ＆ドロップする

画像がレイヤー状に重なる。背景は透明なので、下の画像が透過して見える

● **レイヤーパネルの機能**

レイヤーパネルでは、さまざまな操作が行えます（右図参照）。上の部分では、ピクセルや位置をロックしたり、レイヤーの不透明度や描画モードを設定したりできます。下のボタンでは、新規レイヤーを作成したり、レイヤースタイルを追加するなどの操作が行えます。また、目のアイコンをクリックして、レイヤーの表示／非表示を切り替えることができます。

下図では、不透明度や描画モードの変更例を示します。また本書の204ページでは、描画モードの適用例の一覧が参照できます。

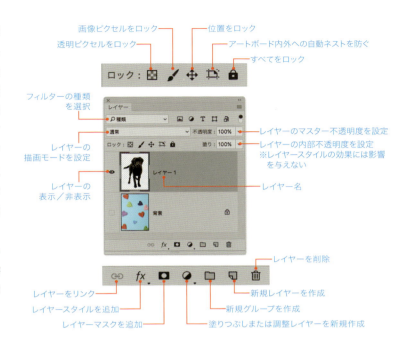

不透明度を変更する

上に重ねたレイヤーを選択し不透明度を変更できる。透過した効果は右図を参照

不透明度：75%　　　50%　　　25%

描画モードを作成する

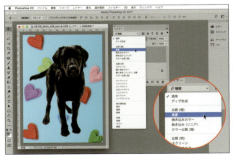

描画モードは27種類あり、ポップアップメニューで切り替えることができる。効果例は右図を参照

描画モード：乗算　　スクリーン　　オーバーレイ　

Photoshop Basic Operation

2-11 レイヤーの種類と編集

学習のポイント
- レイヤーパネルのさまざまな機能を試してみましょう。
- レイヤーには「テキスト」「調整」「シェイプ」などの種類があります。
- レイヤーカンプパネルを使うと、レイヤーの表示方法を保存することができます。

● **レイヤーパネルの操作と編集**

レイヤーパネルには、さまざまな機能が盛り込まれています。右図の画像は複数の画像を重ねて合成したものです。目のアイコンをオン／オフすると、レイヤーの表示／非表示を切り替えることができます。また、レイヤーを上下にドラッグして、前面／背面に送ることができます。さらにレイヤーパネルメニューには、レイヤーを操作するさまざまなコマンドが選べます。

レイヤーの表示／非表示

目のアイコンをクリックして、レイヤーの表示／非表示を切り替えることができる

レイヤーの移動

レイヤーを上下にドラッグして、前面／背面を入れ替えることができる

レイヤーの複製

複製するには、レイヤーを選択し、パネルメニューから［レイヤーを複製］を実行する

レイヤーをフォルダーにまとめる

shiftキーを押して複数のレイヤーを選択し、メニューから［レイヤーからの新規グループ］を選ぶと、フォルダーにまとめることができる

複数のレイヤーをひとつにまとめる

複数のレイヤーを選択し、メニューから［レイヤーを結合］を選ぶ。選択したレイヤーが統合され1つのレイヤーにまとまる

すべてのレイヤーを統合する

すべてのレイヤーを統合するには、メニューから［画像を統合］を選ぶ。すべてレイヤーが統合され「背景」画像になる

● レイヤーの種類

レイヤーは、さまざまな用途で使われます。代表的なものを知っておきましょう。文字ツールで文字を入力すると「テキスト」レイヤーが自動的に作成されます。四角形のような図形を描くと、「シェイプ」レイヤーが作成されます。画像補正する場合は「調整」レイヤーが利用できます。

> **TOOLS解説**
>
>
> **長方形ツールほかのシェイプツール**
>
> ベジェ曲線で描かれた長方形などの幾何学図形を作成することができます。

テキストレイヤー

文字ツールで画面上でクリックするとテキストレイヤーが作成され、文字が入力できる。文字の書式は文字パネルや段落パネルを利用する（文字入力の詳細は70ページ参照）

調整レイヤー

レイヤーパネル下の［塗りつぶしまたは調整レイヤーを新規作成］ボタンで種類を選ぶと、調整レイヤーが作成される（調整レイヤーの詳細は62ページ参照）

シェイプレイヤー

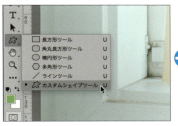 →  →

シェイプツールは長方形や楕円などの幾何学図形が描けるツール。ここではカスタムシェイプツールを選択する

ツールオプションバーのシェイプボタンを押すと図形が表示されるので、好みの図形をクリックして選択する

画面上でドラッグすると、選んだ図形が描画できる。レイヤーにはシェイプレイヤーが自動で作成される

● レイヤーカンプパネルを利用する

レイヤーを増やし、画面表示のオン／オフを切り替えて、見え方を比較検討します。レイヤーカンプパネルでは、レイヤーの表示方法を名前を付けて保存できるので、覚えておくと便利です。

  →

レイヤーパネルの表示を保存するには、レイヤーカンプパネルを表示し、［新規レイヤーカンプを作成］ボタンをクリックする。ダイアログが表示されるので、「A案」と名前を付けて［OK］をクリックする。さらにレイヤーの表示を変えて「B案」の表示も保存した

レイヤーパネル下の左右の三角ボタンをクリックすると、保存した「A案」「B案」のレイヤー表示が現れる

Photoshop Basic Operation

2-12 レイヤーマスクを使う

学習の ポイント
- レイヤーマスクを作成して、仕組みを理解しましょう。
- レイヤーマスクにブラシツールやグラデーションツールで塗りつぶしてみましょう。
- レイヤーマスクの操作やショートカットを覚えましょう。

● レイヤーマスクとは？

「レイヤーマスク」は、レイヤーにマスクを適用して、画像の一部だけを表示したり、非表示にすることができる機能です。レイヤーマスクは後述する調整レイヤーでも有効で、画像の一部を明るくしたり、暗くしたりといった用途でも利用できます。

マスク画像はモノクロのグレースケール画像で、白い部分が表示、黒い部分が非表示になります。まずはレイヤーマスク機能を使ってみましょう。

レイヤーマスクを追加する

レイヤーのない「背景」画像を開く。自動選択ツールで背景をクリックして選択し、選択範囲を反転させて、花びらを選択した。この状態で、レイヤーパネル下の［マスクを追加］ボタンをクリックする

画像がレイヤーに変換され、同時にレイヤーマスクが作成される。背景の白いピクセルが非表示になり、背景は透明になる

レイヤーマスクを使った合成

レイヤーマスクを持つ画像合成を試してみよう。合成用の画像を開き、移動ツールでレイヤーマスクを持つ画像をドラッグ＆ドロップする

画像は、レイヤーマスクを伴って移動し、マスクが生かされたまま画像合成ができる

移動ツールを使って花びらのオブジェクトを動かすと、レイヤーマスクも一緒に移動するのがわかる

● 無地のレイヤーマスクを追加し、マスクに直接ペイントする

　無地の、白いレイヤーマスクを作成し、マスクに直接ペイントすることができます。ペイントは、ブラシツールやグラデーションツールなどが利用できます。

　モノクロのマスク画像を作成すると、白い部分が表示され、黒い部分が隠れます。グレーの部分は不透明度が適用されて表示されます。

選択範囲を作成せず、レイヤーパネルで「背景」の画像を選択し、[レイヤーマスクを追加]ボタンをクリックする

「背景」の画像がレイヤーに変換され、無地のレイヤーマスクが作成される。レイヤーマスクのサムネールアイコンをクリックする

レイヤーマスクに直接ペイントしてみよう。グラデーションツールで画面上を白から黒に変化するグラデーションを描いた。黒い部分が徐々に消えていく効果になる

● レイヤーマスクの操作

　レイヤーマスクの操作やショートカットを紹介します。レイヤーマスクを一時的に無効にしたり、リンクを解除することができます。レイヤーマスクを削除すると、削除する前にマスクを適用するかどうかを尋ねられますので、間違いのないように指示しましょう。また、レイヤーマスクだけを画面表示することもできます。

レイヤーマスクを無効にする

レイヤーマスクのサムネールを shift キーを押しながらクリックすると、マスクが一時的に無効になる

レイヤーマスクのリンクを解除する

チェーンのアイコンをクリックして非表示にすると、リンクがはずれる。画像を移動すると表示画像のみが移動する

レイヤーマスクを削除する

ゴミ箱のアイコンをクリックすると、レイヤーマスクを削除する前に効果を適用するかを尋ねられる

レイヤーマスクを表示する

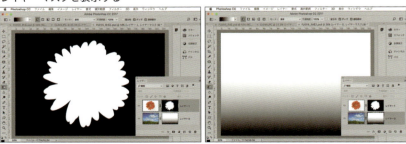
レイヤーマスクの画像は図のようなモノクロ画像だ。白黒のグラデーションで塗ると、ぼかしのような効果も表現できる。こうしたモノクロ画像を「マスク版」と呼ぶこともある

Photoshop Basic Operation

2-13 調整レイヤー／明るさの調整

学習の ポイント
- 調整レイヤーを利用して画像補正を行ってみよう。
- 調整レイヤーは補正した内容がレイヤー上に残るので、いつでも修正できます。
- 「明るさ・コントラスト」「レベル補正」「トーンカーブ」の3つのコマンドを体験しよう。

●「明るさ・コントラスト」で明るさを調整する

画像補正を行うコマンドは、イメージメニューから［色調補正］を選ぶと現れる各種コマンドで行います。もうひとつの方法として「調整レイヤー」を使う方法があります。「調整レイヤー」は、後で補正の修正ができる特徴があります。

調整レイヤーのしくみ

画像を補正するコマンド

イメージメニューから［色調補正］を選ぶと現れるサブメニューから、画像補正の各種コマンドが実行できる。このコマンドで画像補正を行っても構わないが、一旦ファイルを閉じてしまうと、操作のやり直しや修正ができない

レイヤーパネルのメニューから［塗りつぶしまたは調整レイヤーを新規作成］ボタンから画像補正コマンドを選ぶと、画像補正を調整レイヤーで行うことができる。調整レイヤーは後で操作のやり直しや修正が可能だ

明るさ・コントラストの画像補正

  →

画像の明るさを補正してみよう。レイヤーパネルの［塗りつぶしまたは調整レイヤーを新規作成］ボタンをクリックし、［明るさ・コントラスト］を選ぶ。新規に調整レイヤーが作成され、属性パネルに明るさやコントラストを調整するスライダーが表示される

［明るさ］のスライダーを右に動かし、明るさを調整してみよう。補正した内容は調整レイヤーを選ぶことで、いつでも修正できる。また、目のアイコンをオン／オフすることで補正前と後の見映えを比較することができる

●「レベル補正」で明るさを調整する

明るさの調整を細かく行いたい場合は「レベル補正」を使うと便利です。レベル補正は、画像の明るさの分布が「ヒストグラム」のグラフで示されます。ヒストグラムはデジタル画像の明るさを確かめる指標になります。ヒストグラムの下にある黒、グレー、白の三角のスライダーを動かして、黒点、中間調、白点の位置を微調整できます。

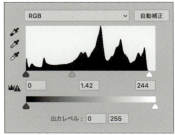

「レベル補正」はヒストグラムを見ながら、黒、中間調、白の3つのスライダーを動かして、画像の明るさを調整する。ヒストグラムの山が右側に片寄っていると明るい画像、左側に片寄っていると暗い画像だ

レイヤーパネルの［塗りつぶしまたは調整レイヤーを新規作成］ボタンをクリックし、［レベル補正］を選ぶ。属性パネルにヒストグラムと調整用のスライダーが表示される

黒のスライダーは画像の一番暗い部分の位置を決め、白のスライダーは一番明るい部分の位置を決める。中間調のスライダーを左に動かすと全体が明るく、右に動かすと全体が暗く見える

●「トーンカーブ」で明るさを調整する

「トーンカーブ」は、画像の色を確認しながら、個々のポイントで明るさを調整できるので、より細かな補正が可能です。トーンカーブはグラフで個々の明るさのポイントを定め、そのポイントを上下に動かして明るさを調整できます。ポイントは複数設定でき、個々に動かせるので、画像に沿った微調整が可能になっています。

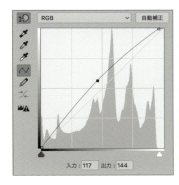

トーンカーブのインターフェイスは図のようなグラフだ。初期は直線のグラフが表示されるが、直線上をクリックするとポイントが置かれる。そのポイントをつかんで上に動かすと明るく、下に動かすと暗くなる。左図のグラフでは、中間点にポイントを置き、さらに上に動かしているので、画像全体が明るくなる

 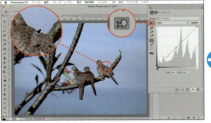 

レイヤーパネルの［塗りつぶしまたは調整レイヤーを新規作成］ボタンをクリックし、［トーンカーブ］を選ぶ。属性パネルにトーンカーブのグラフが表示される。指先の形のアイコンのツールを選ぶと、画面上でクリックしてポイントの位置を指定することができる

上図は、鳥の羽の部分をクリックして、そのまま上方向にドラッグしたところ。マウスの動きに合わせて、グラフが変化するのが確認できる

Photoshop Basic Operation

2-14 カラーの調整

学習の
ポイント

- 画像のカラーモード（RGB／CMYKなど）を変更する操作を覚えましょう。
- カラー補正はRGBカラーで行うほうが好ましい結果が得られます。
- 「カラーバランス」「特定色域の選択」「トーンカーブ」を使ってカラーを調整します。

● **RGBカラーとCMYKカラーの違い**

　カラー補正を行う場合は、RGBカラーとCMYKカラーの違いを理解しておく必要があります。RGBカラーはモニタに表示される光の色、CMYKカラーは紙にプリントする時のインキの色で、この2つのカラーモードは混色の原理が異なります。Photoshopのカラー補正はRGBカラーで行い、印刷時にCMYKカラーに変換するほうが好ましい結果が得られます。

チャンネルパネルで表示をカラーにするには、[環境設定]の[インターフェイス]で[チャンネルをカラーで表示]をチェックする

カラーモードの変更

RGBカラーをCMYKカラーに変更する。イメージメニューから［モード］→［CMYKカラー］を選ぶ

カラーモードを変更する場合は、編集メニューの[カラー設定]で割り当てられているプロファイルを利用する、「Japan Color」は日本の印刷の標準カラーで、印刷用途でよく利用されるプロファイルだ

CMYKカラーに変換された。異なる色域（カラースペース）に変更されるので、変換後は色が若干変化することがある

RGBカラーのチャンネルと混色の原理　　　　　　　　CMYKカラーのチャンネルと混色の原理

チャンネルパネルでは、画像の各チャンネルの色情報を確認できる。RGBカラーでは上記のような色情報を持つ。色は加法混色の原理で表示される

CMYKカラーでは上記のような色情報を持つ。色は減法混色の原理で表示される

●「カラーバランス」で画像補正する

「カラーバランス」は、画像のカラーの全体的な混合率を変更して、一般的なカラー補正を行います。「シアン-レッド」「マゼンタ-グリーン」「イエロー-ブルー」の3つのスライダーでカラーを変更します。

赤みがかった画像を開いた。調整レイヤーで［カラーバランス］を選ぶ

［階調：中間調］を選び、赤みを抑えるようにスライダーを調整

［階調：ハイライト］を選び、スライダーを調整。全体的に赤みを抑えることができた

●「特定色域の選択」で画像補正する

「特定色域の選択」は、他の色に影響を与えることなく、特定の色だけを選んでカラー補正できます。カラーのポップアップメニューで変更したい色系統を選び、4つのスライダーを動かしてカラーを調整します。

調整レイヤーで［特定色域の選択］を選ぶ

［カラー：レッド系］を選ぶと画像の赤い領域（見張り台）のみをカラー補正できる

［カラー：シアン系］を選ぶと画像の青い領域（空の部分）のみをカラー補正できる

●「トーンカーブ」で画像補正する

「トーンカーブ」では、画像全体の明るさを変更する場合は［RGB］を選んで行いますが、特定のカラーを変更する場合は「レッド」「グリーン」「ブルー」チャンネルを選んでカラー補正を行います。

調整レイヤーで［トーンカーブ］を選ぶ

ポップアップメニューで「レッド」を選び、中間調にポイントを置き上にドラッグした。赤みが強まる結果になる

同様に「レッド」を選び、中間調にポイントを置き下にドラッグした。この場合はレッドの反対色（補色）である「シアン」の色味が強くなる

Photoshop Basic Operation

2-15 彩度・コントラストの調整

学習のポイント
- 「色相・彩度」「自然な彩度」を利用して、画像の彩度を調整してみよう。
- 「明るさ・コントラスト」「トーンカーブ」を利用して、コントラストを調整してみよう。
- 彩度やコントラストを高める場合は、色の飽和や白とび、黒つぶれに注意しよう。

● 彩度の調整

彩度とは、色の鮮やかさを指します。彩度を高めると色が純色に近づき、ビビッドな色彩になります。逆に彩度を弱めると、色が鈍くなりグレーに近づきます。

彩度を高めると、色飽和が起こり、不自然な見映えになることがあります。Photoshopにある「自然な彩度」は、彩度が高いカラーへの影響を抑えながら、彩度が低いカラーを調整することができます。この機能は人物の肌色などを抑え気味に補正したい場合に有効です。

彩度を高めると、モニタ上では色が鮮やかに見えますが、印刷した場合はモニタ通りの色は再現されませんので、注意が必要です。

「色相・彩度」の操作

調整レイヤーで「色相・彩度」を選ぶ　　［彩度］スライダーを右へ動かすと彩度が高まる。彩度を強めすぎると色飽和が起こり、不自然な見映えになるので注意　　［彩度］スライダーを左へ動かすと彩度が弱まり、グレーっぽくなる

「自然な彩度」の操作

調整レイヤーで「自然な彩度」を選ぶ　　［自然な彩度］スライダーを右へ動かすと彩度が高まる。彩度を強くした場合、既に色が飽和している領域は変化しないので、自然な見映えになる　　［彩度］スライダーでは、右へ動かすと彩度が高まるが、彩度を強めすぎると色飽和が起こり、不自然な見映えになる

● コントラストの調整

　画像のコントラストは、色の濃淡の差を広げたり狭めたりして調整します。コントラストの強い画像は、濃淡の差が大きいので、メリハリのある力強い画像になります。逆に、コントラストの弱い画像は、濃淡の差が小さいので、インパクトは弱くなりますが、落ち着いた印象の画像になります。

　Photoshopのトーンカーブでは、カーブの形状を「S字」のような形にするとコントラストが高まるので、このような処理を「S字補正」といいます。カーブの傾きを変化させる操作でもコントラストを調整できます。

明るさ・コントラストの操作

調整レイヤーで「明るさ・コントラスト」を選ぶ

［コントラスト］スライダーを右へ動かすとコントラストが高まる

［従来方式を使用］をチェックし、コントラストを高めてみた。こちらでは白とびや黒つぶれが起きやすくなるので注意が必要

トーンカーブでコントラストを高める

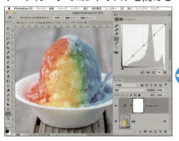
調整レイヤーで「トーンカーブ」を選ぶ。S字の形に補正してみよう。図のように3箇所にポイントを置く

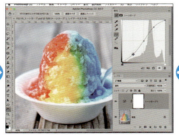
上部のポイントを上に、下部のポイントを下に動かす。明るい部分がより明るく、暗い部分がより暗くなり、コントラストが高まった

図のような形状の直線のグラフを描くと、黒点と白点が強まり、画像全体のコントラストが高まる

トーンカーブでコントラストを弱める

調整レイヤーで「トンカーブ」を選ぶ。逆S字の形に補正してみよう。上部のポイントを下に下げた

さらに、下部のポイントを上に上げた。結果、明るい部分が暗く、暗い部分が明るくなり、画像全体のコントラストが弱くなった

図のような形状の直線のグラフを描くと、黒点と白点が弱まり、画像全体のコントラストも弱まる

Photoshop Basic Operation

2-16 調整レイヤーの応用

学習の ポイント
- 調整レイヤーにレイヤーマスクを適用してみよう。
- レイヤーマスクに直接ペイントすれば、部分的に補正を適用することもできます。
- 特定のレイヤーにだけ調整レイヤーを適用する方法を覚えましょう。

● **調整レイヤーにレイヤーマスクを適用する**

　画像の一部だけを補正したい場合には、調整レイヤーにレイヤーマスクを適用する方法が便利です。補正をかけたい領域が選ばれている状態で調整レイヤーを作成すると、レイヤーマスクが適用された調整レイヤーが作れます。後で部分的に補正を取り消したい場合は、レイヤーマスクのサムネールをクリックして選択し、ぼかしをかけたブラシで塗りつぶす方法もあります。

レイヤーマスクを使って背景のみを補正する

上の写真の犬だけを明るく補正する。まず、背景を選択し、レイヤーパネルから調整レイヤーを作成する

上図ではトーンカーブの調整レイヤーで全体を明るくした

レイヤーマスクにペイントする。まず、ぼけ足のあるブラシを用意する。ブラシサイズの変更方法は 43 ページを参照

レイヤーマスクのサムネールをクリックし、背景部分を黒で塗りつぶす

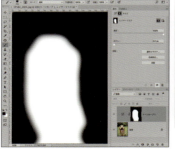

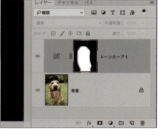

黒で塗りつぶした領域はマスクがかかり、元の写真の状態が現れる。調整レイヤーでは、明るさの補正は後で変更できるので、柔軟な編集作業が可能。完成画像は冒頭の図を参照

● **特定のレイヤーに調整レイヤーを適用する**

レイヤーを重ねて画像合成する作業では、特定のレイヤーを対象にして調整レイヤーを使って画像補正したい場合があります。こうした場合には、特定のレイヤーを結合して画像補正を行ったり、調整レイヤーを下のレイヤーのみに適用する方法を知っておくと便利です。以下に、いくつかの応用例を示したので、参考にしてください。

選択したレイヤーを統合して複製を作る

上図のように shift キーを押しながら 3 つのレイヤーを選択する

⌘+ option + shift + E キーを押すと、選択したレイヤーが結合されて複製が作成される

> **MEMO**
> 複数のレイヤーを選択して⌘＋shift＋Eキーを押すと、選択したレイヤーが結合して1つのレイヤーにまとまりますが、複製は行われません。画像の合成作業では、これらのショートカットを覚えておくと便利です。

下のレイヤーのみに調整レイヤーを適用する

複数のレイヤーの上に調整レイヤーを置くと、その下のレイヤーすべてが補正の対象になる

レイヤーメニューから［新規調整レイヤー］を選び、サブメニューから補正用のコマンドを選択する、あるいはレイヤーパネル下の［塗りつぶしあるいは調整レイヤーを新規作成］ボタンを option キーを押しながらコマンドを選択すると、上図の［新規レイヤー］ダイアログが表示される。［下のレイヤーを使用してクリッピングマスクを作成］をチェックして［OK］ボタンをクリックする

調整レイヤーで画像補正すると、下のレイヤーのみに補正が適用されるようになる

レイヤーを統合して複製し、複製したレイヤーのみに調整レイヤーを適用する

上記の 2 つの方法を組み合わせて画像補正を行ってみよう。上図のように 2 つのレイヤーを選択する

⌘+ option + shift + E キーを押して 2 つの画像を結合して複製を作成する

［下のレイヤーを使用してクリッピングマスクを作成］をチェックして調整レイヤーを作成し、下のレイヤーを対象に補正を行った

Photoshop Basic Operation

2-17 文字の入力とスタイル設定

学習のポイント

● 文字ツールを選び、「ポイントテキスト」「段落テキスト」で文字を入力してみよう。
● 入力した文字の書体やサイズ、カラー、段落揃えなどを設定してみましょう。
● 「ワープ変形」機能を使うと、文字をさまざまな形に変形することができます。

● 文字入力の基本操作

　Photoshopで文字を作成してみましょう。文字ツールを選択して、横書き文字ツール（あるいは縦書き文字ツール）を選びます。画面上でクリックすると、カーソルが点滅し、「ポイントテキスト」で文字を入力できます。マウスを対角線上にドラッグしてテキストのバウンディングボックスを作成すると、「段落テキスト」で文字を入力できます。「段落テキスト」では、テキストはバウンディングボックスのサイズに合わせて折り返されます。

TOOLS解説

T　横書き文字ツール
↓T　縦書き文字ツール

テキストを作成します。テキストの入力は、ポイントテキスト、段落テキストの方法があります。

ポイントテキストで文字を入力する

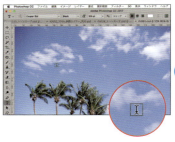
横組み文字ツールを選ぶと、カーソルが図のような形になる。文字を入力したい場所でクリックする

オプションバーや属性パネルで、文字の書体や大きさを設定する

レイヤーパネルにはテキストレイヤーが作成される。移動ツールを選び、文字を移動することができる

段落テキストで文字を入力する

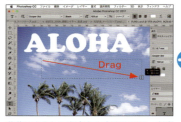
段落テキストで文字を入力するには、文字ツールでドラッグして四角形を描き、バウンディングボックスを作成する

文字を入力する。テキストはバウンディングボックス内で自動的に折り返される

文字や段落の細かな書式は文字パネルや段落パネルを表示して設定する。上図では、段落揃えを［均等配置（最終行左揃え）］に設定し、行末を揃えた

● 文字スタイルの編集

　文字のカラーは、カラーピッカーやカラーパネル、スウォッチパネルで指定します。文字の細かな書式設定は文字パネルや段落パネルで行います。また、ワープテキストを作成して文字を変形することもできます。

文字のカラーを変更する

 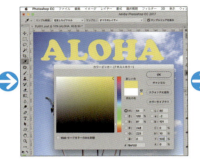 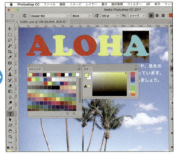

テキストレイヤーを選択して、文字のカラーを変更する。オプションバーや属性パネルのカラーボックスをクリックする

［カラーピッカー］ダイアログが表示される。カラー値を入力するなどの操作で色を変更し、［OK］をクリックする

個々の文字カラーを変更するには、文字ツールでテキストを選択して、カラーパネルやスウォッチパネルで色を指定する

文字の書式を変更する

  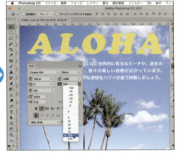

オプションバーの［文字パネルと段落パネルの切り替え］ボタンを押すとパネル表示をオン／オフできる

「ALOHA」のテキストレイヤーを選択し、［斜体］ボタンをクリックして、イタリック体に変更した

さらに［選択した文字のトラッキングを設定］で「100」を指定した。文字間隔に空きができた

ワープテキストを作成する

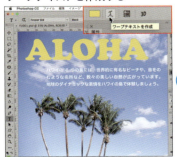  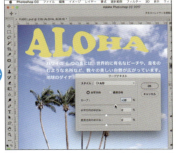

文字をさまざまな形にワープ変形してみよう。文字ツールを選び、「ALOHA」のテキストレイヤーを選択し、オプションバーで［ワープテキストを作成］ボタンをクリックする

［ワープテキスト］ダイアログが表示される。［スタイル］のポップアップメニューで好みの形を選ぶ。上図では［旗］を選んだ。オプションのスライダーで歪みの微調整が可能

上図では［魚形］を選んだ。文字が魚の形のようになる。オプションのスライダーで歪みを調整する

Photoshop Basic Operation

2-18 レイヤースタイルの活用

学習の
ポイント

- レイヤーを選択し、レイヤースタイルを適用してみましょう。
- レイヤースタイルを利用すると、さまざまな特殊効果を適用できます。
- レイヤースタイルで適用したパラメーターは後で変更することができます。

● レイヤースタイルを適用する

　レイヤースタイルを利用すると、レイヤーにさまざまな特殊効果を適用することができます。適用方法は、スタイルを適用したいレイヤーを選択し、レイヤーパネル下部の［レイヤースタイルを追加］ボタンを選択し、スタイル名を選択します（右図参照）。あるいはレイヤーパネルでレイヤー名が表示されている領域をダブルクリックします。［レイヤースタイル］ダイアログが表示されるので、左側のリストから適用したいスタイル名のチェックボックスをオンにし、スタイル名を選択します。

レイヤーパネルでレイヤー名の表示部分をダブルクリックする

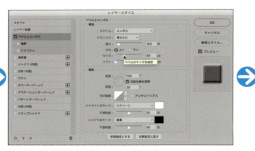
［レイヤースタイル］ダイアログが表示される。左側のリストからスタイル名をチェックし、スタイル名を選択する。［プレビュー］をオンにし、パラメーターを調整して効果を確認する

［サイズ］のスライダーで微調整を行った。図のように［ベベルとエンボス］の効果が適用された

レイヤースタイルは複数組み合わせて適用できる。さらに左側のリストから［カラーオーバーレイ］を選択し、カラーボックスをクリックしてグリーンの色を指定した

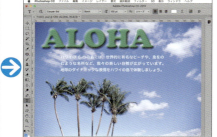

［カラーオーバーレイ］が適用された。レイヤーパネルには、適用されたレイヤースタイルが表示される。後で設定を変更したい場合は、レイヤー名をダブルクリックすればダイアログが表示される

● **レイヤースタイルのさまざまな効果**

レイヤースタイルのその他の効果を試してみましょう。作例はテキストレイヤーで行っていますが、ピクセル画像のレイヤーやシェイプレイヤーにも適用が可能です。テキストレイヤーの場合は、後で文字入力してテキストを変更しても、レイヤースタイルの効果はそのまま残ります。

グラデーションオーバーレイ

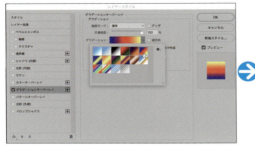

左側のリストから［グラデーションオーバーレイ］を選択した。グラデーションのリストから登録済みのグラデーションを選ぶことができる

テキストレイヤーにグラデーションが適用された

光彩（外側）

左側のリストから［光彩（外側）］を選択した。パラメーターは、カラーをイエローに変更し、［不透明度］や、［エレメント］の［スプレッド］、［画質］の［範囲］を調整した

［光彩（外側）］の効果は、オブジェクトの外側にぼかしのあるカラーを追加できる。イエローを選ぶと、背後から光が差し込んで後光が差しているような効果になる

ドロップシャドウ

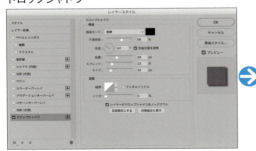

左側のリストから［ドロップシャドウ］を選択した。パラメーターは、［描画モード］を［乗算］に設定し、［不透明度］［角度］［距離］［スプレッド］［サイズ］を調整した。画面上でドラッグすると影を直接動かすこともできる

［ドロップシャドウ］が適用された。背景色と文字色が同じだと文字が読みにくくなるが、ドロップシャドをわずかにかけると読みやすくなる

Photoshop Basic Operation

2-19 フィルターの活用

学習のポイント
- フィルター機能を利用してみよう。
- フィルターギャラリーは、複数のフィルターを組み合わせて利用できます。
- スマートフィルターは、元画像を維持してフィルター効果を適用できます。

● フィルター機能を利用する

　Photoshopの魅力的な機能のひとつにフィルター機能があります。画像をぼかしたり、シャープにしたり、変形したり、アーティスティックにしたりなど、バリエーションに富んだ加工が可能です。フィルターメニュー（右図参照）から、さまざまな種類の効果が選べますので、いろいろ試してください。操作の手順は、フィルターのコマンドを選びます。すぐに適用されるものと、ダイアログでパラメーターを調整して適用するものとがあります。主なフィルター効果の一覧は206ページを参照してください。

フィルターの適用

フィルターメニューから［ピクセレート］→［ぶれ］を選ぶ

このコマンドの場合、ダイアログが表示されず、結果がすぐに表れる

ダイアログを表示してフィルターを適用する

コマンド名の後に「...」が表示されるものは、ダイアログが表示される。［ピクセレート］→［メゾティント］を選ぶ

［メゾティント］ダイアログが表示される。オプションのパラメーターなどを設定し、プレビューを確認して、効果を適用できる

［OK］ボタンをクリックすると、効果が適用される

● **フィルターギャラリー／スマートフィルターを利用する**

フィルターギャラリーでは、複数の効果を組み合わせて効果を適用できます。プレビューも大きな画面で表示されます。効果を追加するには［新しいエフェクトレイヤー］ボタンをクリックします。目のアイコンをオン／オフして、表示／非表示を切り替えることができます。削除する場合はゴミ箱のボタンを利用します。

スマートフィルターは、元画像の情報を保持して、複数のフィルターを適用できる機能です。

フィルターギャラリーを利用する

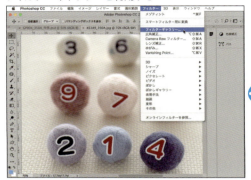
フィルターメニューから［フィルターギャラリー］を選択する

ギャラリーのダイアログが現れる。プレビュー画像のサイズを見やすく設定し、右側のリストからフィルター効果を選択する

フィルター効果を追加する場合は［新しいエフェクトレイヤー］ボタンをクリックする

目のアイコンのオン／オフで表示の切り替えが可能。フィルター名のレイヤーの上下を入れ替えると、適用する順番が変わる

スマートフィルターを利用する

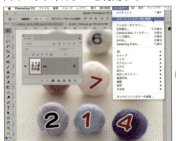
フィルターメニューから［スマートフィルター用に変換］を選択する

レイヤーがスマートオブジェクト（76ページ参照）に変換され、元画像が保持される

フィルター効果を適用すると上図のように適用したフィルターがリスト表示される。目のアイコンのオン／オフで表示の切り替えが可能

Photoshop Basic Operation

2-20 スマートオブジェクト／リンク画像の編集

- レイヤーをスマートオブジェクトに変換し、拡大・縮小の変形を繰り返してみよう。
- 外部の画像ファイルをリンクして、画像合成を行ってみよう。
- 「パッケージ」を利用すると、リンク画像を収集して画像を保存することができます。

● スマートオブジェクトとは？

　Photoshopで扱うビットマップ画像は、拡大・縮小の変形を繰り返すと、画像にギザギザのジャギーが現れます。この現象は、画像を縮小した際にピクセルが失われ、この画像を再度拡大した場合に失われたピクセルが復帰できないためです。しかし、画像をスマートオブジェクトに変換すると、元画像データを保持したまま変形作業を行えます。拡大・縮小を伴う作業では、スマートオブジェクトに変換することをお勧めします。

元画像

通常のビットマップ画像の場合

 →  →

元画像を縮小する。編集メニューから［変形］→［拡大・縮小］を選ぶ

周囲にハンドルが表示される。ハンドルを掴んで、shiftキーを押しながらドラッグし、縦横比を維持して縮小し、returnキーを押す

この画像を拡大して元のサイズに戻す。ピクセルが失われているので、拡大後の画像が荒れているのが確認できる

スマートオブジェクトに変換した場合

 →  →

元画像をスマートオブジェクトに変換する。レイヤーメニューから［スマートオブジェクト］→［スマートオブジェクトに変換］を選ぶ

レイヤーのサムネールアイコンの右下にマークが表示される。このマークは元画像のデータが埋め込まれていることを表す

スマートオブジェクトを縮小して、再度拡大して元に戻した。元のピクセル情報が保持されているので、画像は荒れない

● **リンク画像の編集**

スマートオブジェクトは、元画像のデータをファイル内に埋め込みますが、外部にファイルをリンクさせて画像編集を行うこともできます。ここでは［リンクを配置］コマンドを使って画像を取り込み、画像合成を行ってみましょう。作業を終えたら、［別名保存］で保存し、さらに［パッケージ］を使って画像ファイルを1つのフォルダに収集してみましょう。

下の作成で使用する画像ファイル

リンク画像の編集

「Background」ファイルを開く。レイヤーパネルに「背景」レイヤーが表れる

ファイルメニューから［リンクを配置］を選び、「Flower_1」「Flower_2」の2つの画像を開く

配置後は、レイヤーパネルに2つのレイヤーが追加される。サムネールアイコンの右下にリンクのマークが表示される

レイヤーマスクを作成して背景を透明にした。レイヤーマスクの作り方は60ページを参照

2つのレイヤーを個々に拡大・縮小や移動を行って、見映えを検討する

ファイルメニューから［別名で保存］を選び、ファイル名を「Background_Composit」とし、フォーマットで［Photoshop］を選び、レイヤーを保持して保存する

パッケージでファイルを収集する

ファイルメニューから［パッケージ］を選ぶ

保存先を指定し、［選択］ボタンをクリックする。パッケージが実行される

ここでは「Background_Composit」フォルダが作成された。「Links」フォルダにはリンクした画像が収集されている

Photoshop Basic Operation

2-21 デジタルカメラで撮影した画像の扱い

学習のポイント
- デジタルカメラの画像形式であるJPEGとRAWの違いを知っておこう。
- JPEG形式は圧縮されてデータ容量は軽くなるが、ピクセル情報の一部が失われます。
- RAWデータをPhotoshopで開くにはCamera Rawソフトウェアを利用します。

● JPEGデータとRAWデータ

デジタルカメラで撮影した写真データは、JPEG形式として書き出すことができます。書き出されたJPEG形式の画像は、デジタルカメラ内部で画像処理が行われ、これを圧縮した形式になっています。圧縮により、限られたメモリ内に多くの画像ファイルを記録することができます。

RAW形式のデータは撮影した直後の未加工のデータを指し、画像処理（現像処理）が行われていません。しかし、RAWデータを利用すると、フォトグラファー自身の手で現像処理を行うことができます。現像処理を行うには専用のソフトウェアが必要です。

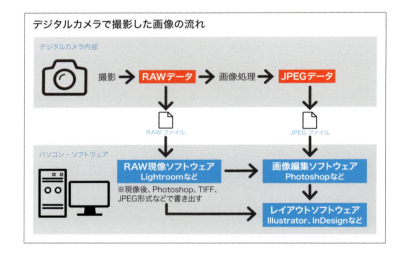

JPEGデータの圧縮

JPEG形式を保存するときに現れるオプションで、圧縮の度合いを選択できる。圧縮率を高めるとファイル容量が軽くなるが、画質は劣化する

JPEG形式で圧縮率を変えたものを並べて比較した。左は［最高（低圧縮率）］でファイル容量は3.6MB、右は［低（高圧縮率）］でファイル容量は262KB

● **Camera RawソフトウェアでRAWデータを開く**

Adobe Photoshop には、RAWデータを開いて編集できるCamera Rawソフトウェアが、プラグインとして組み込まれいます。RAWデータをPhotoshopで開くと、自動的にCamera Rawソフトウェアが立ち上がります。現像処理を行った後に、Photoshopで開く流れになります。

Camera Rawで画像を開く

 →  →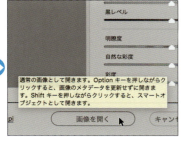

RAWデータの拡張子は「raw」以外に、キヤノンの「CRW」「CR2」、ニコンの「NEF」などがある

RAWデータをPhotoshopで開くと、Camera Rawが立ち上がる。右側のインターフェイスで画像を補正する

補正が終わったら、［画像を開く］をクリックする。この時 optionキーまたは sfiftを押しながらクリックすると上図の機能を利用できる

Camera Rawのインターフェイスと主要機能

Camera Raw のインターフェイスは、右側のパネルでタブを切り替えて行う。「基本補正」「トーンカーブ」「ディテール」「レンズ補正」など9つのタブがあり、細かな調整が可能になっている。Camera Raw のインターフェイスの構造は以下の通り

① カメラ名またはファイル形式
② 全画面モードの切り替え
③ ヒストグラム
④ カーソル位置の RGB 値
⑤ 撮影時のデータ
⑥ 画像調整タブ
⑦ 調整スライダー
⑧ Camera Raw 設定メニュー
⑨「プレビュー」オプション
⑩「ワークフロー」オプション
⑪ ズームレベル

［ワークフローオプション］では、「カラースペース」「ビット数」「サイズ」「解像度」などを設定する

> **MEMO**
> Camera Rawのインターフェイスを使った補正は、Photoshopのフィルターメニューから［Camera Rawフィルター］選ぶと、同じインターフェイスが現れます。つまり、RAWデータでなくても、同じインターフェイスを利用して画像補正が可能です。

Photoshop Basic Operation

2-22 Illustratorとの連携

学習の ポイント
- Illustratorのドキュメントを Photoshopで直接開くことができます。
- IllustratorのオブジェクトをPhotoshopのドキュメントにコピー＆ペーストできます。
- 印刷で使用するには、Photoshop側で必要な加工を済ませておく必要があります。

● **IllustratorのデータをPhotoshopで開く**

　Illustratorのベクターデータは、Photoshopで開くことができます。PhotoshopでIllustratorのドキュメントを開くと、[PDFの読み込み]ダイアログが現れるので、ページやトリミング、サイズ、解像度など指定し、[OK]をクリックします。

　また、Illustratorのオブジェクトをコピーして、Photoshopのドキュメント上に形式を指定してペーストすることもできます。

IllustratorファイルをPhotoshopで開く

Illustratorで作成したはがきのデータをPhotoshopで開く。Photoshopでファイルメニューから[開く]を選び、Illustratorデータを選択して開く

[PDFの読み込み]ダイアログが表示される。[名前]でファイル名を入力し、[トリミング][幅][高さ][解像度][モード]などを指定し、[OK]ボタンをクリックする

Illustratorのデータがビットマップ画像に変換されてドキュメントが開く

IllustratorのオブジェクトをPhotoshopにコピー＆ペーストする

Illustratorのケーキのオブジェクトをコピーする

Photoshopのドキュメントを開き、ペーストする。ペースト形式として[スマートオブジェクト][ピクセル][パス][シェイプレイヤー]のいずれかを選ぶことができる

上図では[ピクセル]を選び、[OK]ボタンをクリックした

● **印刷用にPhotoshopで加工して、Illustratorに配置する**

Photoshopで画像補正を終えた画像を印刷用に保存し、IllustratorやInDesignなどのレイアウトソフトに配置するまでの工程を見ていきましょう。

工程は、まずPhotoshopでレイアウトに必要な画像サイズ、解像度に設定します。次にレイヤーを統合します。さらにカラーモードをRGBカラーからCMYKカラーに変換します。必要があれば、この後でシャープネスフィルターをかける場合もあります。最後に印刷に適したフォーマットで保存します（詳細は次節で解説）。レイアウトソフト側に画像を配置した後は、画像は拡大しないように注意してください。

Photoshopで印刷用に保存する

まず、印刷用の画像サイズ、解像度に変更する。イメージメニューから［画像解像度］を選ぶ

［画像解像度］ダイアログで［再サンプル］をチェックし、レイアウトで使用する［幅］または［高さ］を指定する。解像度は 300〜350ppi 程度にする

複数のレイヤーを使用している場合は、レイヤーメニューから［画像を統合］を選び、「背景」のみの画像にする

印刷用に CMYK カラーのカラーモードに変換する。イメージメニューから［モード］→［CMYK］を選ぶ

最後にファイルを別名で保存する。ファイルメニューから［別名で保存］を選ぶ

ここではフォーマットとして［Photoshop］を選んだ。CMYK カラーでは［カラープロファイルの埋め込み］はオフにする

IllustratorにPhotoshop画像を配置する

上で保存した Photoshop データを Illustrator ドキュメントに配置する。Illustrator でファイルメニューから［配置］を選ぶ。現れるダイアログでファイルを選択、［リンク］をチェックし、［配置］をクリックする

ドキュメント上で、カーソルに画像のプレビューが現れる。そのままクリックすると 100% の原寸で画像が配置される。配置後に画像を拡大すると解像度が不足するので注意すること

Photoshop Basic Operation

2-23　印刷・Web用の画像フォーマット

学習のポイント
- 印刷用の画像フォーマットの種類と保存方法を学びましょう。
- Web用の画像フォーマットの種類と保存方法を学びましょう。
- Web用の画像の書き出しには複数の方法があります。

● 印刷用の画像フォーマットと保存

　印刷で使用する場合に推奨される画像フォーマットには右図のようなものがあります。最近の印刷・出力環境では、ネイティブ形式であるPhotoshop形式を推奨されることが多くなっていますが、TIFFやEPS形式でも問題になることは少ないでしょう。TIFFやEPSで保存する場合はオプションダイアログが表示されます。

印刷用途に適した画像のファイル形式

画像形式（拡張子）	特徴
Adobe Photoshop (.psd)	Photoshopのネイティブ形式。レイヤー、パスなどを含めて保存できる
TIFF（.tiff/.tif）	Windowsでも利用頻度が高く、汎用性の高いフォーマット
PDF（.pdf）	アドビシステムズ社のソフトウェアとの親和性がよく、汎用性が高い
EPS（.eps）	印刷用に開発されたフォーマット。プレビューの設定が可能

　どの保存形式を利用するかは、最終的に入稿する印刷会社に確認するようにしましょう。Photoshop形式の場合でも、カラーモードやレイヤーの有無、アプリケーションのバージョンなど、細かな条件が指定されている場合があります。

保存時のダイアログボックス。フォーマットで［Photoshop］を選ぶと、アルファチャンネルやレイヤーを含めて保存できる。Photoshop独自の機能を使っている場合は、この形式で保存すること。Photoshop形式は印刷用にも利用できる

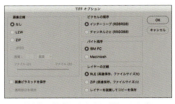

TIFF形式で保存したときに現れるオプションダイアログボックス

Photoshop EPS形式で保存したときに現れるオプションダイアログボックス

● Web用の画像フォーマットと保存・書き出し

Webで画像を作成する際は、カラーモードに気をつけましょう。Webで使用されるカラープロファイルは「sRGB」です。

Webでは、データ量を軽く、素早く表示できる画像形式が採用されています。Photoshopにはいくつかの書き出し方法・メニューが用意されていますが、画質とデータ量のバランスを検討しながら書き出すことが大事です。JPEG形式は画質を落としてデータ量を軽くしています。また、GIF形式では色数を減らしてデータ量を軽くしています。

Web用途に適した画像のファイル形式

画像形式（拡張子）	特徴
JPEG（.jpg/.jpeg）	フルカラーの写真を表示するのに適している。圧縮率を設定して保存可能
PNG（.png）	8bit（PNG-8）と24bit（PNG-24）を選択できる。透明をサポートする
GIF（.gif）	色数が256色までであるが、データ容量が非常に小さくなる
SVG（.svg）	ベクトル形式のデータ。シェイプツールで作られたデータに利用可能

JPEG形式の特徴と画像の書き出し（[書き出し形式]を利用）

フルカラーで画像をきれいに表示するにはJPEG形式を利用する。レイヤーパネルで選択して右クリックで［書き出し形式］を選択

［書き出し形式］ダイアログ画面で右上のファイル形式をJPEGに選択。数値入力かスライダーで画質を指定する

プレビュー画面と左側の容量を確認しながら適切な画質にして保存する

PNG形式の特徴と画像の書き出し（[書き出し形式]を利用）

 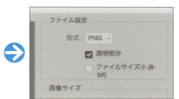

背景が透明な画像や半透明のぼかしがある画像はPNG形式を使用するとよい。上図と同じ手順で［書き出し形式］ダイアログで［PNG］を選択する

ドロップシャドウなどの透明効果を含む場合は、［透明部分］にチェックを入れる

GIF形式の特徴と画像の書き出し（[Web用に保存（従来）]を利用）

ロゴや色数の少ないイラストは、GIF形式で保存するとデータ量を抑えることができる

ファイルメニューから［書き出し］→［Web用に保存（従来）］を選ぶ。ダイアログ画面の色数を減らし、プレビュー画面を確認する

色数を減らすとデータ量は減るが、ジャギーが現れたり、グラデーションがうまく表示されなくなるので注意が必要

Photoshop Basic Operation

2-24 アートボードでWebページをレイアウトする

学習のポイント

- Photoshopのアートボードを利用してWebページをレイアウトしましょう。
- Webページの構造を踏まえたうえでレイアウトしましょう。
- ガイドを作成して効率的にレイアウトしましょう。

● Web用のアートボードを作成する

　Webページのワイヤーフレーム（デザインスケッチ）を描いた上で、デザインカンプ（モックアップ）を作ります。PCやモバイルなどの表示画面にあわせてアードボードのサイズを設定しましょう。Photoshopにはあらかじめいろいろなサイズのアートボードが用意がされています。

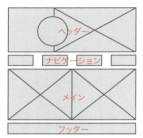

Webページをデザインする前にあらかじめワイヤーフレームのラフスケッチを描いておく。一般的にWebでは「全体を簡潔に表したビジュアルや文章からなるヘッダー」「各ページや記事へのメニューとなるナビゲーション」「メインとなる記事部分」「フッター」などの主だった構造がある

［新規ドキュメント］ダイアログで［ドキュメントの種類］で［アートボード］を選び、［アートボードのサイズ］を選択する。ここではPC用のWebを作成するので［アートボードのサイズ：Web一般］を選んだ

属性パネルを表示させるとアートボードのサイズを後からでも変更できる。ここでは幅を1366pxから1360pxに変更した

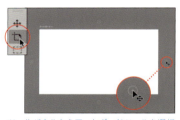

ツールパネルからアートボードツールを選択すると上下左右に⊕マークが出現する。ここで⊕を押すとその方向にアートボードを追加できる。複数ページを作ったり、他のデバイス用のレイアウトも1つのファイル内で作ることができる

属性パネルの［アートボードをプリセットに設定］からは、主要なデバイスのサイズのアートボードを用意できる。ここでは左のアートボード1に［Web一般］、右のアートボード2に［iPhone6plus］が並んでいる。スマートフォンやタブレットではデバイスとしての物理サイズはPC用の画面に比べて小さいが、高解像度ディスプレイ（Retinaディスプレイ）なので総ピクセル数でみると大きな画面になっている

アートボードツールを選択し、レイヤーパネルから「アートボード」を選択していると、ツールオプションバーで［ランドスケープ］［ポートフォリオ］を切り替えて、アートボードの縦横を変更できる。スマートフォンでは通常縦長でレイアウトするとよい

● レイアウト用のガイドを作成する

　Webページは、ナビゲーションボタンなど操作する機能があります。ガイドを利用して、レイアウトを整え、操作しやすい画面を構成するようにしましょう。

1本ずつガイドを作成（[定規]または[新規ガイド]で）

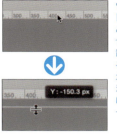

ウィンドウメニューから[定規]を選択、上部と左部に定規を表示させ、カーソルを定規上に置き、そこからドラッグするとガイドが作成できる。ガイドを定規まで戻すと消すこともできる。あるいは、[ガイドを消去]で一括で消すこともできる

表示メニューから[新規ガイド]を選択すると、水平または垂直位置に正確なガイドを引くこともできる

[新規ガイドレイアウトを作成]でグリッドデザインを作成

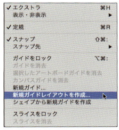

表示メニューから[新規ガイドレイアウトを作成]を選択する

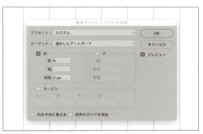

ダイアログボックスで列数を入力して、ガイドを均等に割り付けることができる

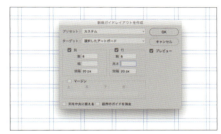

[列]と[行]にガイドを作成して、グリッド状のガイドにすることもできる

[シェイプから新規ガイドを作成]でガイドを作成〜レイアウト

長方形ツールを選び、オプションバーで[シェイプ]を選択すると属性パネルで数値で大きさと位置を設定できる

表示メニューから[シェイプから新規ガイドを作成]を選択すると辺にあわせて同時に4本のガイドを作成することができる

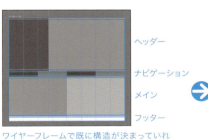

ワイヤーフレームで既に構造が決まっていれば、「シェイプ」でレイアウト位置を決め、すべてのレイヤーを選択して[シェイプから新規ガイド]を作成しておくと一度にガイドを作成することもできる

作成したガイドに吸着させながらレイアウトを進める

レイアウトの完成

Photoshop Basic Operation

2-25 「クイック書き出し」と「画像アセット」

学習の
ポイント

- 「クイック書き出し」でWeb用の画像を書き出してみよう。
- 「画像アセット」を使うと、でWeb用の画像を自動で成することもできます。
- 「画像アセット」でレイヤー名にパラメーターを記述することができます。

●「クイック書き出し」で画像を書き出す

Web用に画像を簡易に書き出したい場合は、[クイック書き出し]が役立ちます。画像が少ない、画像の形式を細かく設定しない、プレビューでの確認なしに簡便に書き出したい場合には便利です。

Webページをアートボードにレイアウトしたドキュメントを開く。[クイック書き出し]を行う前に、書き出しの設定を行う。ファイルメニューから[書き出し]→[書き出しの環境設定]を選択する

[環境設定]の[書き出し]ではPNG、JPG、GIF、SVGが選択できる（ここではPNGを選択）。PNGは透明部分にチェックを入れると透明効果が反映される

ファイルメニューの[書き出し]ではアートボードごとの書き出しになる。個別に書き出す場合は、レイヤーを選んで右クリックして書き出すこともできる。この時、レイヤー名が書き出した時のファイル名になるので半角英数字に直しておく（保存後でも変更できる）

テキストのレイヤーの場合、レイヤー名がテキストになっているが、この場合もレイヤー名を半角英数字に変更する

レイヤーのグループやアートボードごとに書き出すこともできる。この場合もグループ名やアートボード名をファイル名に変更する

⌘キーやshiftキーを押して複数のレイヤーを選択した場合は、一度に複数のファイルを書き出すことができる

86

●「画像アセット」で画像を生成する

多くの画像を書き出したり、繰り返し変更がある場合はリアルタイムでWeb用の画像を生成・更新される「画像アセット」が便利です。また、画像アセットでレイヤーにパラメーターを記述すると、画像サイズやファイル形式、画質を変更した画像を同時に生成することもできます。

画像アセットを選択し、画像を自動生成する

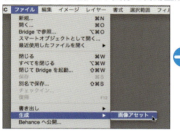

ファイルメニューから［生成］→［画像アセット］を選択することでリアルタイムに画像を生成するモードになる

書き出すには、レイヤーに書き出したい画像形式の拡張子を書くだけでよい。その際、レイヤー名がファイル名になるので、Webで使用できるようにファイル名を半角英数字に直しておく。PNG、JPG、GIF、SVGのいずれも生成できる

拡張子を書くだけでmockup-assetsフォルダが出現し、中に拡張子が書かれたレイヤーの画像がリアルタイムで書き出される

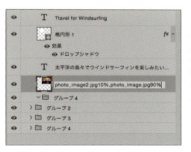

レイヤー名をカンマ区切りすることで複数のファイルに書き出すことができる。例えばJPGの場合、画質の違うJPGを同時に生成してから比較することもできる（名前が重複しないように変えておくこと）

各レイヤーのファイル名をWeb用に変更し、拡張子を加えることで、同時にWeb用のファイルを生成できる。またグループ名やアートボードにも拡張子を書けば、各レイヤーと重複して書き出すこともできる

画像アセットでレイヤーに記述するパラメーターの例

半角スペースあける

50% name.jpg50%

前方：画像サイズに関するパラメーター
画像サイズをリサイズしたり、複数のファイルを書き出すときに高解像度ディスプレイ用に大きな画像を同時に作成することができる。ファイル名との間にスペースを入れる

50%…元画像の大きさに対してパーセンテージで指定できる

300x400…数字で任意の大きさのピクセル（px）指定ができる。「x」は小文字の「x」（エックス）を入力。「mm」「in」など長さの単位を入力して書き出すこともできる。縦横比は固定にはならないので注意

ファイル名
Webで使用できるように半角英数字で記述する。また、「-」（ハイフン）と「_」（アンダースコア、アンダーバー）以外の記号も使用してはいけない

後方：拡張子と画質のパラメーター
拡張子により、JPEG、PNG、GIF、SVGに書き出せる。JPEG、PNGでは拡張子の後ろにパラメーターを追加できる。以下の使用例を参照

.jpg50%…JPEGの画質についてパーセンテージで指定できる。100%が一番高画質
.png24…PNGにはGIFのように256色に色を減らして表示する「PNG8」、1670万色表示の「PNG24」、PNG24に透過（半透明）もサポートした「PNG32」を選択することもできる

Photoshop Gallery　―スズキ アサコ―

写真の魅力を伝えてくれる、プロダクトや作品を紹介します。
広告やエディトリアルなど、さまざまな分野の活用事例を見てみましょう。

● ポスター／DM

「八百屋瑞花」グラフィック
CL：八百屋瑞花／AD：小熊千佳子
自然光で撮影しました。全体的に濃度を上げて、野菜の色味を生かすべくコントラストを強めにしています

「金江津いちご」ポスター
CL：K's Factory Co., Ltd.／PL：共同製作社／D：MOVE Art Management
自然光で撮影しました。切り抜きではなく角版です。瑞々しさ、形の特徴、しっかりとした味わいを表現するように、濃度や色味を調整して仕上げています

「実践！装画塾」展覧会 DM イメージ
CL：gallery DAZZLE／AD：臼井新太郎
本が軽やかに羽ばたいていくイメージで撮影しました。屋外で何度も本を投げて、良い形の本を 3 冊合成することによって構成しています

　写真は、瞬時に人を引きつける力を持っています。写真は、ぱっと見るだけで人の記憶を呼び起こし、特別な感情を抱かせます。こうした力をうまく利用することで、ポスターやDMなどの効果を飛躍的に高めることができます。撮影の前には、どんな絵を作りたいのか、自分が考えるイメージをスケッチに書きとめておくとよいでしょう。

● エディトリアル、その他作品

「にんべんレシピカード」
CL：株式会社にんべん
AD：末貞芽里
だしの味わいが活きたお料理の雰囲気を感じられるように、やさしいトーンでまとめました

「通販カタログ」
ホワイトクリスマスのイメージの中で、ポイントカラーとなる赤が際立つように仕上げました

エディトリアルでは、写真とテキストを組み合わせて、紙面やWeb画面などを作り上げていきます。テキストと写真が一体になって読者に語りかけるようにするには、フォトグラファー、編集者、ライターが同じ気持ちを共有することが大事です。最後の作品では、被写体のもつ質感を丁寧に捉えるフォトグラファーの視線が伝わります。

作品「baby's breath,two apples」
子どもの肌、かすみ草、リンゴそれぞれの質感の違いを大切にしています

• Interview •

—普段はPhotoshopをどのようにお使いですか？
仕事でも作品でも、光の雰囲気や空気感などは、色や明るさのちょっとしたさじ加減で変わって見えますので、撮影した写真はすべてPhotoshopで確認するようにしています。「自分のイメージと、実際のこの写真はぴったりと合っているか？」を目で確認し、イメージに合わないと感じる部分を微調整するためにPhotoshopを使います。

—Photoshopの魅力は何ですか？
Photoshopは写真の可能性を無限に広げてくれるツールです。色や明るさの調整など基本的なことから、画像の変形、合成、テクスチャー付けにいたるまで、写真を単なる「記録」ではなく、「絵作り」や「イメージの演出」に変えるためのさまざまな機能があります。自在に使えるようになると楽しいですよ。

—Photoshopを学ぶ人へメッセージをお願いします
昨今はSNSの普及などによって、写真を撮ること、人に見せることが、とても身近になりました。便利なフィルターもあり、簡単におしゃれな写真にもなりますよね。でも、フィルターに頼らずに写真や画像の基本的な仕組みを知ったり、Photoshopの技法を使えるようになると、写真表現の幅も広がって自分自身の目も鍛えられます。ぜひ楽しんで学んでみて下さい。

[プロフィール]
スズキアサコ
2009年より、フリーランスのフォトグラファーとして、広告・書籍・雑誌などで活動中。

● COLUMN ●

トーンカーブやヒストグラムを理解する

画像補正時に現れるトーンカーブやヒストグラムのグラフはわかりにくいものです。これらに慣れるためのポイントをお話ししましょう。

ヒストグラムの見方を覚えよう

　ヒストグラムは、画像の明るさをグラフにしたものです。ピクセルが持つ明るさの分布がわかるもので、プロ仕様のデジタルカメラにはヒストグラムを確認できる機能を搭載したものが多いようです。

　たとえば、画像の黒い領域を広げてもっと締まった印象にしたい、あるいは白の領域を広げてもっと明るくしたいといった場合には「レベル補正」を使って黒点、白点の位置を調整します。その場合にヒストグラムを参照することができれば、操作の目安になります。多くの画像のヒストグラムを観察することで、グラフの読み方も自然と身につくでしょう。

トーンカーブの操作に慣れよう

　トーンカーブは、グラフの線の形状を変化させて、画像全体のシャドウやハイライト、さらに中間調を微調整できます。写真の明るさを線でトレースするといったイメージでしょうか。

　トーンカーブに慣れるには「Camera Rawフィルター」機能を使うとよいでしょう。右側のタブで「トーンカーブ」を選ぶと、画面上にはヒストグラムとトーンカーブのグラフが表れます。「ハイライト」や「シャドウ」などのスライダーを動かすと、リアルタイムでグラフが変化します。あるいはターゲット調整ツールで画面上で補正したい部分をクリックして、そのままカーソルを上下に動かす操作でも補正できますし、グラフもリアルタイムで変化します。

　これらの操作は慣れが必要ですが、感覚が掴めると手放せなくなる機能です。そもそも画像補正には正解はありません。皆さんが思い浮かべるイメージが頼りです。自分の目を信じて、より魅力ある写真に仕上げていきましょう。

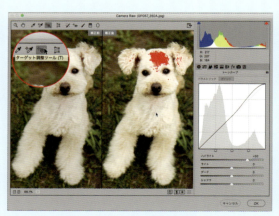

Photoshopのフィルターメニューで［Camera Rawフィルター］を選ぶ。ターゲット調整ツールで画面上の明るい部分でクリックし、そのまま上方向にドラッグする。トーンカーブでは明るい領域を中心に、グラフが変化する

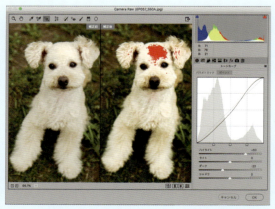

ターゲット調整ツールで画面上の地面の暗い部分でクリックし、そのまま下方向にドラッグする。トーンカーブでは暗い領域を中心に、グラフが変化する。赤く表示されている領域は、白とびが起きていることを示している。白とびさせたくない場合は補正は抑え気味にする

Illustrator Basic Operation

3章

Illustratorの基本操作

Illustrator Basic Operation
3-01 Illustratorのインターフェイス

学習の
ポイント

- **Illustratorの作業画面の基本を覚えましょう。**
- **図形を選択した時は、コントロールパネルや変形パネルで編集できます。**
- **文字を選択した時は、コントロールパネルや文字パネル、段落パネルで編集できます。**

● Illustratorの作業画面

　Illustratorのインターフェイスは、ドキュメントの左側にツールパネル、上部にアプリケーションパネルとコントロールパネル、右側にドックがあります。開いているドキュメントは、仕上がりサイズのアードボードと、外側のカンバスの領域があります。

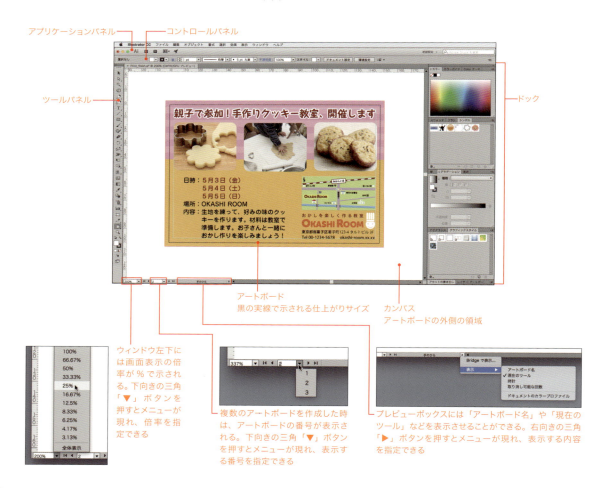

アプリケーションパネル
コントロールパネル
ツールパネル
ドック

アートボード
黒の実線で示される仕上がりサイズ

カンバス
アートボードの外側の領域

ウィンドウ左下には画面表示の倍率が％で示される。下向きの三角「▼」ボタンを押すとメニューが現れ、倍率を指定できる

複数のアートボードを作成した時は、アートボードの番号が表示される。下向きの三角「▼」ボタンを押すとメニューが現れ、表示する番号を指定できる

プレビューボックスには「アートボード名」や「現在のツール」などを表示させることができる。右向きの三角「▶」ボタンを押すとメニューが現れ、表示する内容を指定できる

92

● 図形のサイズや位置を指定するパネル類

　Illustratorで図形（オブジェクト）を選択したときは、コントロールパネルや変形パネルで座標値やサイズなどを数値で指定できます。位置は定規に表示されるX、Y座標値で指定します。サイズはW（幅）、H（高さ）の入力ボックスで指定します。コントロールパネルからパネルを表示させることもできます。

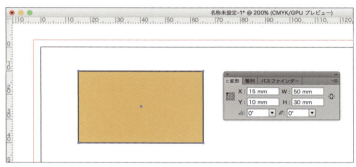

上図の長方形を選択したときのコントロールパネルの表示を示した。コントロールパネルに表示される内容は、ウィンドウサイズやバージョンにより変わる場合もある。変形パネルでは、オブジェクトの座標値やサイズを指定できる

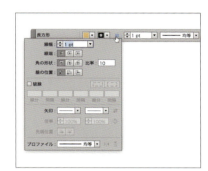

コントロールパネルの青字の部分をクリックするとパネルが表示される。たとえば、「線」と書かれた部分をクリックすると線パネルが表示される

● 文字の書式を指定するパネル類

　文字を選択したときは、コントロールパネルや文字パネル、段落パネルで文字の書式で指定できます。コントロールパネルでは、フォント（書体）や文字サイズを指定したり、塗りや線のカラーを指定できます。

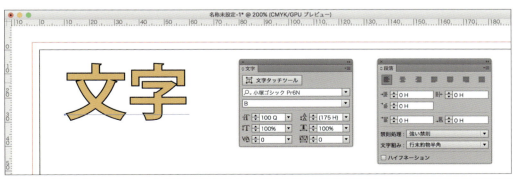

上図の文字を選択したときのコントロールパネルの表示を示した。文字の書式は、文字パネルや段落パネルでさらに細かな指定を行うことができる

Illustrator Basic Operation

3-02 新規ドキュメントの作成

学習のポイント
- 新規ドキュメントを作成する際は、プロファイルで目的のメディアの種類を選択します。
- 複数のアートボードを作成することができます。
- 作成したアートボードのサイズや位置を変更することもできます。

● 新規ドキュメントの作成

Adobe Illustratorでは、新規ドキュメントを作成するところから作業が始まります。ファイルメニューから［新規ドキュメント］を選択するとダイアログが表示されるので、必要な項目を入力します。

［新規］ダイアログでは、ドキュメントの名前を入力し、［プロファイル］のドロップダウンメニューで目的のメディアの種類として［プリント］［Web］などの項目を選びます。メディアの種類により、ドキュメントで利用する［単位］や［カラーモード］が変わります。たとえば、［プリント］を選ぶと［単位：ミリメートル］、［カラーモード：CMYK］に設定されますが、［Web］を選ぶと、［単位：ピクセル］、［カラーモード：RGB］に設定されます。

そのほか、アートボードのサイズや［縦置き］［横置き］のボタンをクリックして指定し、［OK］ボタンを押すと新規ドキュメントが作成されます。

ファイルメニューから［新規］を選択する

［新規ドキュメント］ダイアログで、［プロファイル］のドロップダウンメニューで目的のメディアを選択する

プロファイルで［プリント］を指定すると、印刷用途に適した［単位］［カラーモード］になる。［OK］を押して新規ドキュメントを作成する

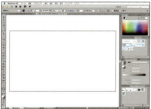
プロファイルで［Web］を指定すると、Web用途に適した［単位］［カラーモード］になる。［OK］を押して新規ドキュメントを作成する

● **複数のアートボードを作成する**

複数のアートボードを作成してみましょう。[新規ドキュメント]ダイアログで、アートボードの数、並べ方、間隔を指定し、[OK]ボタンを押すと、指定した通りに複数のアートボードが作成できます。アートボードパネルで、表示したいアートボードを切り替えることもできます。

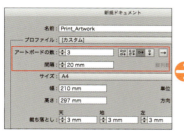

[新規ドキュメント]ダイアログで[アートボードの数：3]、並べる方向を[横一列]、[間隔：20mm]と指定した

[OK]を押すと、A4サイズのアートボードが横方向に3枚作成される

ウィンドウメニューから[アートボード]を選び、アートボードパネルを表示。作成したアートボードに連番がついてリスト表示される

アートボードパネルで名前の部分をダブルクリックすると、指定したアートボードが画面表示される

表示メニューから[すべてのアートボードを全体表示]を選ぶと、すべてのアートボードが画面表示される

● **アートボードのサイズや位置を変更する**

アートボードを作成した後でも、サイズや位置を変更できます。アートボードツールを選び、コントロールパネルでサイズや位置を数値します。また、アートボードの再配置も可能です。

TOOLS 解説

アートボードツール

プリントまたは書き出しを行うための個別のアートボードを作成します。

アートボードツールを選び、サイズや位置を変更したいアートボードをクリックして選択する。アートボードのサイズの変更は、コントロールパネルにある[プリセット]のドロップダウンメニューで行ったり、[W][H]の入力ボックスに数値を入力して変更する。位置の移動は、アートボードツールでドラッグしたり、[X][Y]の入力ボックスに数値を入力して変更する

アートボードパネルメニューから[アートボードを再配置]を選択する

[アートボードを再配置]ダイアログでレイアウトの方法や間隔を指定し、[OK]ボタンをクリックすると、アートボードが再配置される

Illustrator Basic Operation

3-03 描画ツールで基本図形を描く

学習のポイント
- 四角形や楕円の図形を、ドラッグ操作や数値を指定して描いてみよう。
- 角丸長方形ツール、多角形ツール、スターツールで図形を描いてみよう。
- 図形を描いた後でも、コントロールパネルや変形パネルで大きさを変更できます。

● 描画ツールの基本操作

図形を作成したり編集するツールを紹介します。長方形ツールや楕円形ツールなどの幾何学図形を描くツールは、ドラッグ操作で描画することができます。また、shiftキーを押しながらドラッグすると、正方形や正円を描くことができます。

ツールを選び、画面上でクリックすると、ダイアログボックスが表示され数値で指定して図形を作成することもできます。図形を描いた後でも、コントロールパネルや変形パネルを使ってサイズを数値入力して変更することもできます。変形パネルを表示するには、ウィンドウメニューから[変形]を選択します。

ドラッグ操作で図形を描く

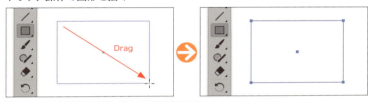

長方形ツールを選択し、ドラッグして図形を作成する

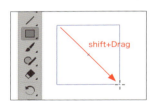
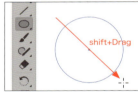

長方形ツールや楕円形ツールを選択し、shiftキーを押しながらドラッグすると、正方形や正円が描ける

ダイアログを表示させ、数値入力して図形を描く

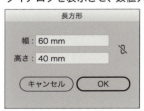

長方形ツールを選択し、画面上でクリックするとダイアログが表示される。[幅][高さ]に数値を入力し、[OK]ボタンをクリックする

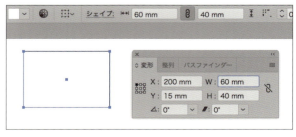

描いた図形のサイズはコントロールパネルや変形パネルに表示される。パネルの入力ボックスで数値を入力してサイズを変更することもできる

TOOLS解説

 長方形ツール

長方形や正方形を描くことができます。

 楕円形ツール

楕円や正円を描くことができます。ダイアログボックスを表示させると幅と高さの値を指定できます。

● 角丸長方形、多角形、星形を描く

そのほか描画ツールとして、角丸長方形ツール、多角形ツール、スターツールがあります。これらも頻繁に使うツールですので、操作に慣れておきましょう。

TOOLS解説

 角丸長方形ツール

角が丸い長方形を描くことができます。ダイアログボックスを表示させると角丸の半径の値を指定できます。

 多角形ツール

三角形や五角形などの多角形を描くことができます。ダイアログボックスを表示させると第1半径、第2半径、点の数を指定できます。

 スターツール

星の形を作成できます。ダイアログボックスを表示させると第1半径、第2半径、辺の数を指定できます。

角丸長方形を描く

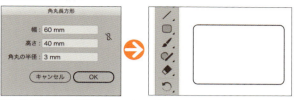

角丸長方形ツールを選択し、クリックしてダイアログを表示させると、［幅］［高さ］［角丸の半径］の値を入力して図形を作成することができる

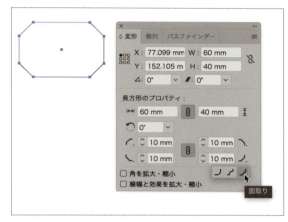

変形パネルを展開すると、［長方形のプロパティ］が表示される。［長方形のプロパティ］では、四角形の四隅の半径の値を指定できるほか、形状を［角丸（外側）］［角丸（内側）］［面取り］の中から指定することができる

多角形を描く

多角形ツールを選択し、クリックして［半径］［辺の数］を指定する。［辺の数：3］にすると三角形になる

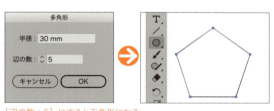

［辺の数：5］にすると五角形になる

星形を描く

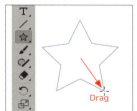 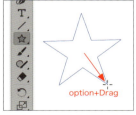

スターツールで画面上でドラッグすると、左図のような星になる。optionキーを押しながらドラッグすると、右図のような形状の星になる。さらにshiftキー加えると、角度が固定される

スターツールで、画面上でクリックしてダイアログボックスを表示させ、［第1半径］［第2半径］［点の数］を指定すると、爆弾マークのような形状も作成できる

Illustrator Basic Operation

3-04　オブジェクトの選択、移動、複製

学習のポイント

- オブジェクトを選択するには、選択ツールあるいはダイレクト選択ツールを使います。
- optionキーやshiftキーを押しながらオブジェクトを移動する方法があります。
- 矢印キーを使ってオブジェクトを移動させることもできます。

● **オブジェクトを選択する（選択ツールとダイレクト選択ツール）**

Illustratorの図形はパスで描画されます。パスは、座標値を定めるアンカーポイントと、アンカーポイント間を結ぶセグメントからできています。直線はアンカーポイント間を直線のセグメントが結んだ構造になっています。曲線は、アンカーポイントから方向線が伸び、セグメントの曲線の形状を定めています。

パス全体を選択するには選択ツールを使用します。個々のアンカーポイントやセグメントを選択するにはダイレクト選択ツールを使います。選択ツールを利用している時に、一時的に⌘キーを押すと、ダイレクト選択ツールに切り替わります。

パスの構造と名称

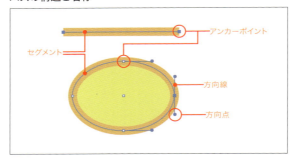

図形を選択ツールで選択すると、アンカーポイントとセグメントが表示される。曲線の図形をダイレクト選択ツールで選択すると、アンカーポイントから方向線が伸びているのが確認できる

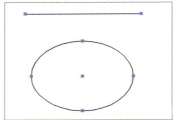

表示メニューから［アウトライン］を選ぶと、塗りや線のカラーが消え、アンカーポイントとセグメントの情報だけが表示される。元に戻す場合は表示メニューから［GPU でプレビュー］または［CPU でプレビュー］を選ぶ

オブジェクトの選択／削除

TOOLS 解説

選択ツール
クリックして、オブジェクト全体を選択します。

ダイレクト選択ツール
図形の一部のアンカーポイントやセグメントを選択します。

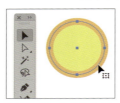
選択ツールでオブジェクトを選択すると、すべてのアンカーポイント、セグメントが選択される

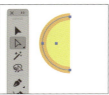
ダイレクト選択ツールで特定のアンカーポイントやセグメント選択する。そのまま delete キーを押すと、選ばれたポイントやセグメントだけが削除される

98

● **オブジェクトを移動／複製する**

選択ツールでオブジェクトをクリックして選択したら、そのままドラッグすると、オブジェクトを移動できます。

ドラッグ操作で移動する時に、optionキーを押すと、オブジェクトを複製することができます。

また、shiftキーを押すと、オブジェクトの移動の方向を45度単位に固定することができます。水平・垂直に移動する場合は便利な機能です。

optionキーとshiftキーの両方を押しながらドラッグ操作で移動すると、移動の角度を固定して複製が作れます。

数値で正確に移動したり、複製を作るには、オブジェクトメニューから［変形］→［移動］を選び、ダイアログを表示して移動します。

キーボードの矢印キーを使って移動することもできます。shiftキーを押しながら矢印キーを押すと、移動距離が10倍になります。移動距離は、［環境設定］の［一般］タブで［キー入力］の値を指定します（下図参照）。

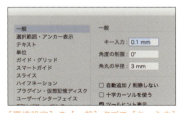

［環境設定］の［一般］タブで［キー入力］の値を指定する。0.1mm と入力すると、矢印キーを1回押すと 0.1mm 移動する。shift キーを押しながら矢印キーを1回押すと 1mm 移動する

ドラッグ操作でオブジェクトを移動する

選択ツールでオブジェクトを選択し、そのままドラッグする

自由な方向に移動が行える

optionキーを押しながらブジェクトを移動する

選択ツールでオブジェクトを移動する際に、option キーを押す

移動して、マウスボタンを放すと複製ができる

shiftキーを押しながらブジェクトを移動する

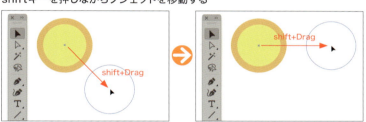

選択ツールでオブジェクトを移動する際に、shift キーを押すと、45 度単位で移動角度が固定される

水平・垂直方向に移動したい時には便利な機能

［移動］ダイアログで数値を指定してブジェクトを移動する

オブジェクトメニューから［変形］→［移動］を選び、［移動］ダイアログを表示する。あるいは選択ツールのアイコンをダブルクリック、あるいは return キーを押す操作でも［移動］ダイアログを表示させることができる

［移動］ダイアログで［水平方向］［垂直方向］に移動する値を入力する。［プレビュー］をチェックすると移動後の結果を確認できる。［OK］ボタンを押すと移動が実行される。［コピー］ボタンを押すと、移動先に複製が作られる

Illustrator Basic Operation

3-05 オブジェクトに塗りと線を指定する

学習のポイント
- オブジェクトに塗りや線のカラーを適用してみましょう。
- 線の属性は、線パネルで線幅や線端の形状、破線などを設定することができます。
- 線幅ツールを使うと、線の太さや形状をコントロールできます。

● オブジェクトに塗りを指定する

パスは、線の太さ（線幅）を設定し、カラーを指定することができます。また、パスに囲まれた領域には塗りを指定できます。

塗りには、カラー（単色）塗り、グラデーション、パターンが選択できます。カラー（単色）塗りはカラーパネルで、グラデーションはグラデーションパネルで、パターンはスウォッチパネルで、色の値や種類を指定します。塗りや線の設定の切り替えは、塗りボタン、線ボタンをクリックして行います。

カラー（単色）塗り

塗りと線に別々のカラーを設定している。カラーパネルの塗りボタン、線ボタンをクリックして、それぞれのカラーを指定した

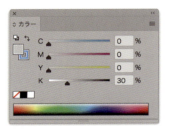

グラデーション塗り

グラデーションパネルの塗りボタン、線ボタンをクリックして、それぞれのグラデーションを指定した

パターン塗り

スウォッチパネルの塗りボタン、線ボタンをクリックして、それぞれのパターンを指定した。パターンはスウォッチライブラリに代表的なものが収録されている（210ページ参照）

塗りボタン、線ボタンをそれぞれクリックすることで、塗りと線の設定を切り替えることができる。塗り／線ボタンは、ツールパネル下に表示されるほか、カラーパネル、グラデーションパネル、スウォッチパネルでも表示される。ツールパネルでは、ボタン操作で塗りの種類の選択や、設定の入れ替えができる

100

● オブジェクトに線を指定する

Illustratorで作図した線の形状は線パネルで設定します。線端や角の形状をボタンで指定したり、線の位置をパスの中央、内側、外側に設定するなど、細かな指定が可能になっています。破線は、線分と間隔を指定してカスタマイズが可能です。矢印は、線の始点と終点に対して設定でき、種類も豊富です。Illustratorで作成できる線の形状の一覧は208ページを参照してください。

線パネルと線の形状

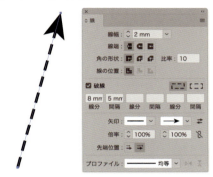

線パネルでは［線幅］［線端］［角の形状］［線の位置］［破線］［矢印］などの設定が細かく指定できる

バット線端 マイター結合 ／ 丸型線端 ラウンド結合 ／ 突出線端 ベベル結合

［線端］と［角の形状］はボタンで組み合わせを指定できる

線を中央に揃える ／ 線を内側に揃える ／ 線を外側に揃える

パスに対して線の位置を、中央、内側、外側に指定できる

破線の作成

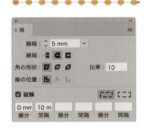

［破線］にチェックを入れ、［線分］［間隔］に値を指定すると、さまざまな形状の破線を作ることができる

● 線幅ツールで線幅をカスタマイズする

線幅ツールを使うと、線幅の太さや形状を自在にカスタマイズできます。線幅ツールでセグメント上をクリックすると線幅ポイントが現れます。これをドラッグして線幅を変更することができます。

線幅ツールを選び、線上でクリックすると線幅ポイントが現れる

線幅ポイントをドラッグして、線幅を変更することができる

線幅ポイントは複数設定することが可能

線幅ポイントの位置を調整して、思い通りの線幅に仕上げる

TOOLS解説

 線幅ツール

可変線幅を持つ線を作成することができます。

3章 Illustratorの基本操作　05 オブジェクトに塗りと線を指定する

Illustrator Basic Operation
3-06 カラー、グラデーション、パターンの塗り

学習のポイント
- カラーパネルやカラーピッカーで色指定したり、スウォッチパネルで色を登録できます。
- グラデーションパネルでグラデーションを作成する方法を覚えましょう。
- パターンオプションパネルでパターンを登録してみましょう。

● **カラーパネルで色指定する**

色指定はカラーパネルやカラーピッカーで行います。作成したカラーはスウォッチパネルに登録することもできます。カラーモードは大別して、光の三原色（RGB）で色を表現する「RGBカラー」と、印刷インクのプロセスカラー（CMYK）で色を表現する「CMYKカラー」があります。印刷物を作成する場合はCMYKカラー、Webの画像やコンテンツを作成する場合はRGBカラーで色指定を行います。

カラーパネルの色指定

カラーパネルのメニューからは［グレースケール］［RGB］［HSB］［CMYK］［Web セーフ RGB］のカラーモードを切り替えることができる

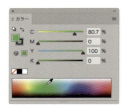

カラー値は入力ボックスに数値を直接入力する、スライダーを動かす、スライダーの上の色帯部分をクリックする方法で変更できる

塗りボタン、あるいは線ボタンをダブルクリックすると、［カラーピッカー］が現れる。ここでは、［HSB］［RGB］［CMYK］の数値を入力できる

スウォッチパネルに登録する

カラーパネルやグラデーションパネルで作成した塗りや線は、塗り（または線）ボタンのカラーをスウォッチパネルの中にドラッグ＆ドロップする操作でカラーを登録できる。パターンは作成したオブジェクトをスウォッチパネルの中にドラッグ＆ドロップする操作で登録できる

パネルメニューから［リスト（小）を表示］あるいは［リスト（大）を表示］を選ぶとリスト表示になる

● **グラデーションで色指定する**

グラデーションは、グラデーションパネルやグラデーションツールを使って設定します。形状は[線形]または[円形]が選べます。グラデーションの開始と終了の位置にカラー分岐点が表示されるので、ダブルクリックしてカラーを指定します。

TOOLS解説

グラデーションツール
ドラッグ操作でオブジェクトにグラデーションを適用します。

グラデーションパネルの[種類]から[線形]または[円形]を選ぶ。円形の場合は縦横比を設定して楕円の形状にすることも可能。グラデーションスライダーの四角形（カラー分岐点）に開始色と終了色を設定する

カラー分岐点をダブルクリックしてカラーパネルやスウォッチパネルを表示できる

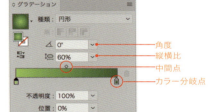

- 角度
- 縦横比
- 中間点
- カラー分岐点

カラー分岐点は、追加したい場所でクリックして増やすこともできる。削除する場合は外にドラッグする

グラデーションガイド

グラデーションツールを選びドラッグすると、グラデーションガイドを表示させてグラデーションを設定できる。グラデーションガイドを傾けると角度が設定され、グラデーションガイドの長さを調整するとグラデーションが適用される範囲を指定できる。気に入ったグラデーションになるまで何回でも試すことが可能

● **パターンを作成する**

パターンオプションパネルを利用するとシームレスにつながるパターンが簡単に作成できます。

パターンの元となる図形を作成し、オブジェクトメニューから[パターン]→[作成]を選ぶ

画面が編集モードに切り替わる。上図では[タイルの種類：レンガ（縦）]を指定した。余白でダブルクリックして編集モードを終える

パターンがスウォッチに登録されるメッセージが表示される

作成したパターンがスウォッチパネルに登録されているのが確認できる

103

Illustrator Basic Operation

3-07 ペンツール・アンカーポイントの操作

学習の
ポイント

● パス上のアンカーポイントを、追加／削除／切り換えることができます。
● ペンツールを使った5種類の描画テクニックを覚えよう。
● 5種類の描画テクニックをマスターすれば、どのような形でも描けます。

● **アンカーポイントの追加／削除／切り換え**

最初に、アンカーポイントを編集する操作を学びましょう。既存のパスにアンカーポイントを追加したり、削除できます。また、アンカーポイントの属性をコーナー／スムーズの属性に切り換えることもできます。

TOOLS解説

 アンカーポイントの追加ツール
ポインタをパスセグメント上に置いてクリックすると、アンカーポイントを追加することができます。

 アンカーポイントの削除ツール
ポインタを既存のアンカーポイント上に置いてクリックすると、アンカーポイントを削除できます。

 アンカーポイントツール
変換するアンカーポイント上にカーソルを置き、クリックあるいはドラッグする操作で、ポイントをコーナー／スムーズの属性に切り換えます。

アンカーポイントを追加する

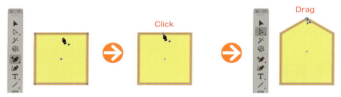

四角形のパス上にアンカーポイントを追加する。アンカーポイントの追加ツールで、パスの上でクリックする

アンカーポイントが追加された。ダイレクト選択ツールでドラッグすると変形が可能

アンカーポイントを削除する

アンカーポイントの削除ツールで、削除したいアンカーポイントの上でクリックする。アンカーポイントが消えるがセグメントは残る

アンカーポイントの属性を切り換える

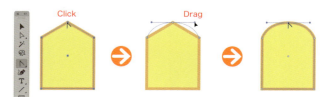

コーナーの属性のアンカーポイントをスムーズポイントに変形する。アンカーポイントツールでコーナーポイント上でクリックし、そのままドラッグすると方向線が現れる。マウスボタンを放すと形状が確定する

アンカーポイントツールでスムーズポイント上でクリックすると、コーナーポイントに切り替わる

● ペンツールを使った描画

ペンツールは、クリックしてアンカーポイントを定めて直線を描いたり、ドラッグして方向線を引き出して曲線を描くことができます。

右に示した5種類の描き方をマスターするれば、どんな形でもペンツールだけで描画することができます。繰り返して練習し、素早く描けるようになれば、トレースなどの作業ができるようになります。

 右の演習では、塗りを「なし」にし、線のカラーは画面上で見やすい色を設定するとよい

TOOLS 解説

ペンツール

ベジェ曲線でパスを描くためのツール。クリックしてアンカーポイントの位置を定め、直線を描きます。ドラッグして方向線を引き出して曲線を描きます。

直線、または連続した直線を描く

直線は、ペンツールで2点間をクリックする操作で描ける。クリックした位置にアンカーポイントが設定される。連続して直線を描く場合は、続けて次の場所でクリックする。描画を終えるには、一時的に⌘キーを押して余白部分でクリックする

曲線、または連続した曲線を描く

曲線は、ペンツールで始点の位置でクリックしてアンカーポイントを定め、そのままドラッグして方向線を引き出す。方向線の長さと角度で描かれる曲線の形状が決まる。次の場所でもクリック&ドラッグを繰り返す。マウスボタンを放すまでは曲線の形状がプレビューされ、マウスボタンを放すと曲線の形状が確定する

曲線から直線を描く

まず、クリック&ドラッグの操作で曲線を描く。一旦、マウスボタンを放し、最後のアンカーポイントの上をクリックする。この操作で次の曲線を操作する方向線が消え、既に描いた曲線の方向線は残った状態になる。離れた場所でクリックすると直線が描かれる

直線から曲線を描く

まず、クリックだけの操作で直線を描く。一旦、マウスボタンを放し、最後のアンカーポイントの上にカーソルを重ねクリックし、そのままドラッグすると方向線が伸びる。方向線の位置が決まったらマウスボタンを放す。続けて別の場所でクリック&ドラッグして曲線を描くと、直線から曲線に切り換わる線になる

角が尖った曲線を描く

まず、クリック&ドラッグの操作で曲線を描く。一旦マウスボタンを放し、一時的に option キーを押すとカーソルの形がアンカーポイントツールになる。この状態で方向点をつかんでドラッグし、次に描く曲線の方向線の角度と長さを変更する。続けて別の場所でクリック&ドラッグすると角の尖った曲線になる

105

Illustrator Basic Operation

3-08 鉛筆ツール、ブラシツール

学習のポイント
- フリーハンドで線を描くさまざまなツールを試してみましょう。
- ブラシツールとブラシパネルを使うと、描線にさまざまな筆致を与えることができます。
- 塗りブラシツール、消しゴムツールを使って、イラストを描いてみましょう。

● 線を描くツール

線を描くツールには、直線や円弧、スパイラルの線を描くツールや、鉛筆のようにフリーハンドで線を描くツールがあります。また、線を編集するツールもあります。

TOOLS解説

 直線ツール
自由な方向に直線を描くことができます。

 円弧ツール
2つのアンカーポイントの間を結ぶ円弧を描くことができます。

 スパイラルツール
螺旋状のオブジェクトを描くことができます。

 鉛筆ツール
フリーハンドでドラッグして鉛筆で描いたような線を描くことができます。

 スムーズツール
描いた曲線の上をなぞるようにドラッグして、アンカーポイントの数を減らしてなめらかな形状にします。

 パス消しゴムツール
描いた線の上をなぞるようにドラッグして、パスを消去します。

 連結ツール
ドラッグして、パスを連結します。

直線ツール／円弧ツール／スパイラルツール

直線ツールでドラッグすると自由な方向に直線が描ける。shiftキーを押すと45°単位で固定される

円弧ツールは、ドラッグして始点から終点を結ぶ円弧状の曲線が描ける。クリックしてダイアログを出して描くこともできる

スパイラルツールで渦巻きの形を描ける。ダイアログを出して[半径][円周に近づく比率][セグメント][スタイル]を設定して描くこともできる。上図はスタイルを変えた例

鉛筆ツール／スムーズツール／パス消しゴムツール／連結ツール

鉛筆ツールはドラッグして、フリーハンドで線を描く

スムーズツールで描いた線の上をなぞるようにドラッグすると、アンカーポイントの数を減らすことができる

パス消しゴムツールは、描いた線の上をなぞるようにドラッグして、パスを消去することができる

連結ツールは、交差した2本のパスの上をドラッグして連結させることができる。パスは選択していなくてもよい

● ブラシツールで筆致を変える

ブラシツールとブラシパネルを組み合わせると、ブラシタッチの線の描画が可能です。ブラシの種類は「カリグラフィブラシ」「散布ブラシ」「アートブラシ」「パターンブラシ」「絵筆ブラシ」があります。豊富なブラシライブラリも用意されています（209ページ参照）。

> **TOOLS解説**
>
> **ブラシツール**
>
> フリーハンドでパスを描き、線の筆致をブラシパネルで指定することができます。

ブラシパネルで描線のタッチを選び、ブラシツールでフリーハンドで描画すると、描いたパスにブラシのタッチが適用される。ブラシツールでは、線の設定のみを行い、塗りは設定しない

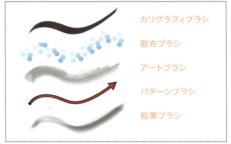

ブラシパネル下の［ブラシライブラリメニュー］ボタンを押してライブラリパネルを表示させて、さまざまなタッチの描線を選ぶことができる。ブラシは右図の5種類のタイプに分類できる

新規にブラシを登録することもできる。オブジェクトを作成して選択し、ブラシパネルから［新規ブラシ］ボタンをクリック。ブラシの種類を選んで［ブラシオプション］ダイアログで詳細を設定して登録できる

● 塗りブラシツールと消しゴムツール

ペイントソフトのような操作感のブラシや消しゴムのツールも装備されています。ペンタブレットで描画すると、手書きタッチの柔らかな見映えのイラストに仕上がります。

> **TOOLS解説**
>
> **塗りブラシツール**
>
> 塗った領域がクローズパスの図形になります。
>
> **消しゴムツール**
>
> 塗りの領域をドラッグして、塗りの領域を消去することができます。ドラッグした領域のパスは変形します。

塗りブラシツールは、画面上でドラッグした領域のクローズパスを作成し、塗りつぶされたオブジェクトを作成することができる。ツールパネルのアイコンをダブルクリックしてオプションダイアログを表示させ、ブラシの精度やサイズを変更できる

消しゴムツールは、塗りブラシツールと同じような操作感で、塗りの領域の一部を消去することができる。ツールパネルのアイコンをダブルクリックしてオプションダイアログを表示させ、消しゴムの真円率やサイズを変更できる

Illustrator Basic Operation

3-09 オブジェクトを変形する

学習のポイント

- バウンディングボックスを表示させてオブジェクトを変形できます。
- 変形は、ドラッグ操作や、ダイアログボックスで数値を指定して行えます。
- さまざまな変形ツールを使ってみましょう。

● バウンディングボックスで変形する

　表示メニューから［バウンディングボックスを表示］を選ぶと、オブジェクトの周囲に四角形の枠とハンドルが表示されます。このハンドルを選択ツールでつかみ、ドラッグして、画面を見ながら直感的に拡大・縮小や回転の操作が行えます。

バウンディングボックスの表示

表示メニューから［バウンディングボックスを表示］を選ぶと、選択したオブジェクトを囲む四角形の枠が表示される。四角形の四隅と各辺の中央にあるハンドルをドラッグして、オブジェクトを変形できる

拡大縮小する

四隅のハンドルをドラッグするとオブジェクトを拡大・縮小できる。shiftキーを押しながらドラッグすると縦横比を固定して拡大・縮小できる

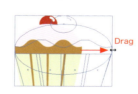

各辺の中央のハンドルをドラッグすると、水平方向・垂直方向に固定して拡大・縮小できる

水平／垂直方向に反転する

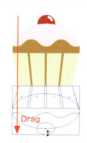

各辺の中央のハンドルをドラッグして反対方向まで移動すると、図形を水平方向・垂直方向に反転させることができる

回転する

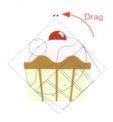

バウンディングボックスの四隅のやや外側の位置にポインタを合わせると、ポインタが円弧の形になる。この状態でドラッグするとオブジェクトを回転できる

バウンディングボックスをリセットする

バウンディングボックスを使って回転すると、バウンディングボックスも一緒に回転する。バウンディングボックスの傾きをなくすには、オブジェクトメニューから［変形］→［バウンディングボックスのリセット］を選ぶ

108

● 変形ツールを使って編集する

数値で正確に変形したい場合は、変形ツールを利用します。たとえば拡大・縮小ツールでは、ダイアログを表示させて％（パーセンテージ）を指定して正確に変形できます。変形の起点となるポイント（位置）を指定して、マウスドラッグで操作することもできます。そのほかの変形ツールも同じ操作で変形が可能です。

TOOLS解説

 拡大・縮小ツール
オブジェクトを水平・垂直方向、または両方向に拡大・縮小できます。オブジェクトは基準点を基準として拡大または縮小されます。

 回転ツール
指定した原点を中心にオブジェクトを回転することができます。

 リフレクトツール
固定軸を基準にしてオブジェクトを反転します。

 シアーツール
原点を基点として、マウスでドラッグや数値を指定してオブジェクトを傾斜させることができます。

拡大・縮小ツール

選択ツールでオブジェクトを選択し、拡大・縮小ツールを選ぶ。基準点はオブジェクトの中心になり、ドラッグ操作でオブジェクトを拡大・縮小できる。基準点を変更したい場合は、拡大・縮小ツールを選んだ後で、変更したい位置でクリックする

ツールパネルで拡大・縮小ツールアイコンをダブルクリックすると［拡大・縮小］ダイアログボックスが現れる。ダイアログで拡大・縮小の％（パーセンテージ）を数値で指定する。［プレビュー］をオンにすると、変更を適用した状態を画面上で確認できる。オプションでは、［角を拡大・縮小］［線幅と効果を拡大・縮小］をオン／オフして切り替える

回転ツール

回転ツールは、基点を指定してオブジェクトを回転できる。図はオブジェクトの中心を基点に、ダイアログを表示させて［30°］回転させた

リフレクトツール

リフレクトツールは、基点を指定したり、水平・垂直の軸を指定してオブジェクトを反転できる。図はオブジェクトの中心を基点に、ダイアログを表示させて［リフレクトの軸：水平］を指定して回転させた

シアーツール

シアーツールは、基点を指定してオブジェクトを斜体がかかったように変形できる。図はオブジェクトの中心を基点に、ダイアログを表示させて［シアーの角度：15°］を指定して変形させた

Illustrator Basic Operation

3-10 レイヤーの管理

学習の
ポイント

- オブジェクトの重ね順を変更する方法を覚えましょう。
- レイヤーパネルを使うと、個々のオブジェクトを選択し、重ね順を変更できます。
- 新規レイヤーを作成すると、オブジェクトをグループ単位でレイヤー管理できます。

● **オブジェクトを前面／背面に送る**

　Illustratorのオブジェクトは、新しく作成したものが前面に重なります。オブジェクトの重ね順を後で変更するには、オブジェクトメニューから［重ね順］を選び、［最前面へ］［前面へ］［背面へ］［最背面へ］を選びます。このコマンドは頻繁に使うので、ショートカットを覚えておきましょう。また、controlキーを押しながらクリック（あるいは右クリック）してコンテクストメニューを表示させることができます。

　レイヤーパネルを表示させると、レイヤー名をドラッグして重ね順を変更することができます。

コマンドを使って移動する

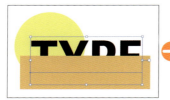

3つのオブジェクトが重なっている。真ん中の「TYPE」のオブジェクトを選択する

オブジェクトメニューから［重ね順］→［前面へ］を実行する

このコマンドはオブジェクトを1つ前面へ送る。結果は上図の通り

コンテクストメニューを使う

［重ね順］のコマンドは、送りたいオブジェクトを選択し、control＋クリック（あるいは右クリック）して現れるコンテクストメニューからでも実行できる

レイヤーパネルを使って移動する

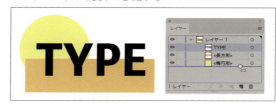

レイヤーパネルを表示させると、個々のオブジェクトに名前が付き、重ね順もわかる。一番上の「TYPE」レイヤーをドラッグして下まで移動する

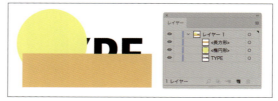

マウスボタンを放すと、移動が実行され、最背面に送られた

● **レイヤーパネルを活用する**

Illustratorで作成したオブジェクトはすべてレイヤーパネルに表示されます。レイヤーパネルの左側には「表示コラム」と「編集コラム」があります。新規レイヤーを作成すると、オブジェクトをグループ単位に分けて管理することができます。レイヤーパネルでオブジェクトを選択するとカラーボックス（小さな四角形）が表示されますが、このボックスをドラッグすることでレイヤー間を移動できます。さらにパネルメニューには［クリッピングマスクを作成］があり、レイヤー内のオブジェクトを特定の形でマスクすることもできます。

レイヤーパネルの名称と役割

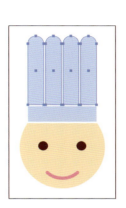
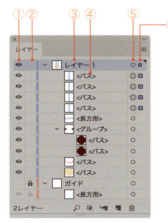

① **表示コラム**：目のアイコンの表示のオン／オフで表示／非表示を切り替える
② **編集コラム**：鍵のアイコンを表示させるとロックされ編集できなくなる。表示オフで編集可能となる
③ **レイヤー名**：ダブルクリックしてレイヤー名をつけることができる
④ **パス名**：ダブルクリックしてパス名をつけることができる
⑤ **ターゲットコラム**：アピアランスパネルの効果および編集属性のターゲットとして指定されているかどうかを示す
⑥ **選択コラム**：項目が選択されているかどうかを示す。項目が選択されている場合はカラーボックスが表示される

新規レイヤーの作成

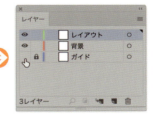

新規にレイヤーを作成するには、パネルメニューから［新規レイヤー］を選ぶ、あるいはパネル下の［新規レイヤーを作成］ボタンをクリックする

［レイヤーオプション］ダイアログが現れる。このダイアログで名前をつけたり、各種オプションを設定できる

レイヤーは、わかりやすい名前をつけておくと、オブジェクトを管理しやすくなる。表示やロックのオン／オフもアイコンのクリック操作で行える

クリッピングマスクの機能

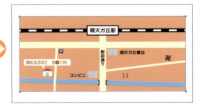

地図を作成し、最前面に塗り、線を「なし」に設定した四角形を配置した。レイヤーパネルでレイヤー名を選択し、パネルメニューから［クリッピングマスクを作成］を実行する

クリッピングマスクが作成されると、四角形の形でマスクされ、周囲の余分なオブジェクトが隠れる。個々のオブジェクトはグループ化されないので、この後の編集操作が容易になる

Illustrator Basic Operation

3-11　グループ化と編集モード

学習のポイント
- グループ化を実行すると、複数のオブジェクトをひとつにまとめることができます。
- グループ化したオブジェクトは、ワンクリックで選択できるようになります。
- 編集モードに切り替えると、特定のオブジェクトにフォーカスして編集できます。

● グループ化

複数のオブジェクトを選択し、グループ化を行うと、ワンクリックでオブジェクトを選択できるようになります。グループ選択ツールは、グループ内のオブジェクトやグループを選択できるツールです。

TOOLS 解説

 グループ選択ツール

グループ内のオブジェクトやグループを選択できます。

グループ化の工程

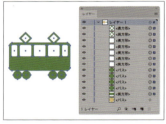  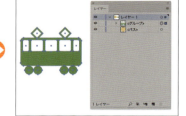

複数のオブジェクトを作成して電車の形を作る。選択ツールで電車全体を選択する

オブジェクトメニューから［グループ］を実行する

オブジェクトが1つにまとまる。レイヤーパネルでは〈グループ〉と表示される

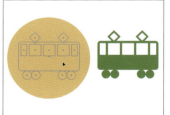 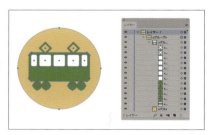

グループ化したオブジェクトは、選択ツールでワンクリックで選べる。作例では、移動して丸のオブジェクトの上に重ね、さらに全体を選択してグループ化した

グループ選択ツール

上のグループ化したオブジェクトを、グループ選択ツールで1回クリックする。電車のボディが選択された

2回クリックする。電車全体が選択された

3回クリックする。電車全体と丸のオブジェクトが選択された

● 編集モードに切り替える

　編集モードへ切り替えると、特定のオブジェクトにフォーカスして編集できます。編集モードは、パス、レイヤー、サブレイヤー、グループ、シンボル、クリッピングマスク、複合パス、グラデーションメッシュに有効です。編集モードに切り替えるには、オブジェクトをダブルクリックしたり、コントロールパネルのボタンをクリックします。編集モードを解除するには、以下に示す3つの方法があります。

編集モードに切り替える

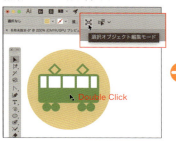
左ページで作成したグループ化したオブジェクトを、選択ツールでダブルクリック、あるいはコントロールパネルのボタンをクリックする

作業画面が編集モードに切り替わる。ウィンドウ上部にグレーのバーが表示され、対象となるオブジェクト以外は薄く表示される

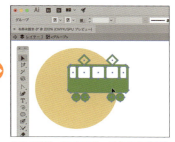
このオブジェクトはグループ化を2度行なっている。ドラッグして、電車のグループを移動させた

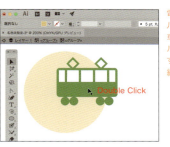
電車のオブジェクトもグループ化されている。電車のオブジェクトにカーソルを合わせダブルクリックすると、個々のパーツが編集できるようになる

電車のパーツを移動させてみた。移動以外に、拡大・縮小や変形の操作も行える

編集モードを解除する

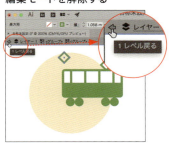
編集モードバーの編集モードを解除ボタンをクリックすると階層化のレベルを戻すことができる

編集モードバーの上でクリックすると、編集モードを解除できる

余白部分のスペースをダブルクリックすると、編集モードを解除できる

> **MEMO**
> ［環境設定］の［一般］タブで［ダブルクリックして編集モード］のチェックをオフにすると、ダブルクリックで編集モードへ切り替える機能がオフになります。Illustratorのデフォルト設定ではオンになっています。
>
>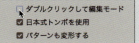

3章 Illustratorの基本操作

11 グループ化と編集モード

Illustrator Basic Operation
3-12　文字ツールでテキストを入力する

**学習の
ポイント**

- 文字ツールでは、ポイント文字とエリア内文字の2つの入力方法があります。
- ポイント文字とエリア内文字は、互いに変換することができます。
- サンプルテキストを割り付けることができます。

● ポイント文字とエリア内文字

文字を入力するには、文字ツールを選択します。文字ツールで画面上でクリックして文字入力する方法を「ポイント文字」と呼びます。文字ツールで画面上でドラッグしてテキストエリアを作成し、文字入力する方法を「エリア内文字」と呼びます。2つの方法で入力した文字は、それぞれ編集方法が異なります。

文字を縦方向に組みたいときは、文字（縦）ツールを選びます。入力後でも、書式メニューから［組み方向］→［横組み／縦組み］を選び、切り替えることができます。

TOOLS解説

T　文字ツール
横組みのポイント文字、エリア内文字を入力できます。

↓T　文字（縦）ツール
縦組みのポイント文字、エリア内文字を入力できます。

文字ツールで入力する

文字ツールを選び、文字を入力したい場所でクリックすると、その場所でカーソルが点滅する。キーボードでテキストを入力して文字を配置できる。改行したい場合は、returnキーを押す

文字ツールを選び、文字を入力したい場所でドラッグし、四角形を作成する。キーボードでテキストを入力して文字を配置する。テキストが四角形の行末に来ると、自動的に次の行に改行する

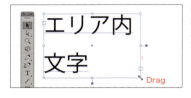

表示メニューから［バウンディングボックスを表示］を選ぶと、エリア内文字の周囲にハンドルが現れる。このハンドルをドラッグすると、テキストエリアの四角形の大きさを変更できる

縦組み文字ツールで入力する

文字（縦）ツールを選ぶと、縦組みで文字を入力できる。ドラッグしてテキストエリアを作成して縦組みのエリア内文字にすることも可能

入力を終えた文字を選択し、書式メニューから［組み方向］を選び、［横組み］あるいは［縦組み］を選択して、組み方向を変更することができる

● ポイント文字／エリア内文字の変換

ポイント文字をエリア内文字に、あるいはエリア内文字をポイント文字に変換することができます。バウンディングボックスを表示すると、ボックスの外側に丸いハンドルが表示されます。このボタンをダブルクリックする操作で変換できます。

表示メニューから［バウンディングボックスを表示］を選ぶと、ボックスの外側に突き出た丸いハンドルが表示される。選択ツールでこのハンドルをダブルクリックしてポイント文字をエリア内文字に（上図）、あるいはエリア内文字をポイント文字に（下図）変換できる

● エリア内文字ツールを利用する

エリア内文字は、四角形以外でも作成できます。図形を描いて、エリア内文字ツールでパスの上でクリックすれば、文字を入力できるようになります。

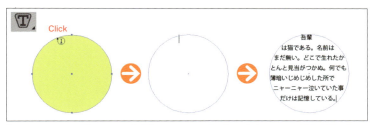

楕円形ツールで円を描き、エリア内文字ツールでパス上でクリックする。パスの塗りや線のカラーが消え、文字がパスの内側に入力できるようになる。パスの形に沿って文字が流し込まれる

TOOLS解説

 エリア内文字ツール

パスをテキストエリアに変換し、そのエリア内にテキストを入力、編集できるようにします。

 エリア内文字（縦）ツール

縦書きの文字列やテキストエリアを作成し、縦書きテキストを編集します。

● サンプルテキストの割り付け

［環境設定］の［テキスト］で［新規テキストオブジェクトにサンプルテキストを割り付け］をチェックすると、文字ツールなどでポイント文字、エリア内文字が作成された時点でサンプルテキストが配置されます。

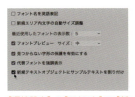

［環境設定］の［テキスト］で［新規テキストオブジェクトにサンプルテキストを割り付け］をチェックする

ポイント文字で画面上でクリックすると8文字のテキストが割り付けられる。エリア内文字では、エリアが埋め尽くされるまでテキストが割り付けられる

［環境設定］の［テキスト］で［新規テキストオブジェクトにサンプルテキストを割り付け］をオフにしている場合は、書式メニューから［サンプルテキストの割り付け］を選んで同じ機能を実行できる

Illustrator Basic Operation

3-13 文字パネル

学習のポイント

- 文字パネルでは、プロフェッショナル向けの多彩な文字スタイルが適用できます。
- スタイルを適用するには、数値入力、ボタン、メニューで選ぶなどの方法があります。
- フォントを効率的に選択する方法を覚えておきましょう。

● 文字パネル

文字パネルでは、文字の書式を設定します。フォントやフォントスタイルの選択、フォントサイズや行送りなどの基本設定が行えます。また、文字を水平・垂直方向に変形したり、回転したりできます。文字間を空けたり詰めたりするための機能も豊富に用意されています。

文字パネルの機能

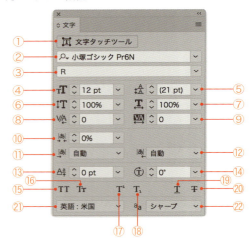

文字パネルメニュー

文字パネルのメニューでは、さらに高度な文字書式の設定が行える。[縦組み中の欧文回転]や[縦中横]は縦組みの中の欧文や数字を回転できる。[文字揃え]はサイズの異なる文字を揃える基準のラインを指定する。そのほかの機能はヘルプメニューの[Illustrator ヘルプ]などを参照してください

① 文字タッチツール：120 ページ参照
② フォントファミリーを設定：フォント（書体）を選択する
③ フォントスタイルを設定：和文フォントは文字の太さ、欧文フォントはイタリック体やボールド体にする
④ フォントサイズを設定：文字の大きさを指定する
⑤ 行送りを設定：行と行の間のピッチを指定する
⑥ 垂直比率：文字を垂直方向に変形する
⑦ 水平比率：文字を水平方向に変形する

垂直比率による変形

水平比率による変形

⑧ 文字間のカーニングを設定：文字間にカーソルを置いて文字間隔を空けたり狭めたりする

カーニング：-100　　カーニング：0　　カーニング：100

⑨ 選択した文字のトラッキングを設定：文字列を選択して文字間隔を空けたり狭めたりする

トラッキング：-100　　トラッキング：100

⑩ 文字ツメ：0 ～ 100% の値を指定して、プロポーショナルな文字詰めにする

文字ツメ：0%　マッキントッシュ
　　　　30%　マッキントッシュ
　　　　60%　マッキントッシュ
　　　　90%　マッキントッシュ

⑪ アキを挿入（左 / 上）：選択した文字の左／上側にアキを挿入する
⑫ アキを挿入（右 / 下）：選択した文字の右／下側にアキを挿入する
⑬ ベースラインシフトを設定：横組みの場合は上下方向、縦組みの左右方向に文字を移動する
⑭ 文字回転：角度を指定して文字を回転する

回転角度　0°　　30°　　60°　　90°　　120°　　150°　　180°

⑮ オールキャップス：選択した文字を大文字にする
⑯ スモールキャップス：選択した文字を小文字のサイズで大文字にする
⑰ 上付き文字：文字を上付きにする
⑱ 下付き文字：文字を下付きにする
⑲ 下線：文字に下線をつける
⑳ 打ち消し線：文字に打ち消し線をつける

TOKYO　TOKYO
オールキャップス　スモールキャップス

2^8　CO_2　平和　戦争
上付き文字　下付き文字　下線　打ち消し線

㉑ 言語：言語の辞書を選択する
㉒ アンチエイリアスの種類を設定：文字に適用するアンチエイリアスの種類を設定する

● フォントを効率的に選択する方法

マシンにインストールしたフォントが多くなると、フォントリストからスクロールしてフォントを選ぶ作業が煩わしくなります。ここで示す方法を利用すると、素早く目的のフォントを適用できます。

フォント名で検索する

ポップアップメニューで［任意文字検索］を選ぶ

フォントの入力ボックスにフォント名の一部の文字を入力すると、その文字を含んだフォントがリスト表示される

フィルターで欧文フォントの種類を絞る

［フィルター］のドロップダウンリストで、欧文フォントの分類を選び、表示させることができる。左図では「スクリプト」を選んだ。スクリプト（筆記体）の書体がリスト表示される

お気に入りフィルターでフォントを表示する

お気に入りのフォント名だけをリスト表示させることができる。フォントメニューの左側にある「☆」のアイコンをクリックし、「★」の表示にする。フォントメニューで［お気に入りフィルターを適用］ボタンをクリックすると、「★」マークの付いたフォントだけがリスト表示される

Illustrator Basic Operation
3-14 段落パネル

学習のポイント
- 段落パネルでは、プロフェッショナル向けの多彩な段落スタイルが適用できます。
- スタイルを適用するには、数値入力、ボタン、メニューで選ぶなどの方法があります。
- 自動行送りやハイフネーションの設定の変更は、段落パネルメニューから行います。

● 段落パネル

段落パネルでは、段落の書式を設定します。段落は、改行するまでのひと続きの文章です。行揃えや、インデント（字下げ）、段落間のアキを指定できるほか、禁則処理や組版ルールのセットを選択して文字組みの体裁を整えます。

段落パネルの機能

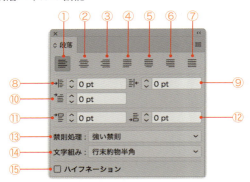

段落パネルメニュー

段落パネルのメニューでは、さらに高度な段落書式の設定が行える。［ぶら下がり］は句読点をテキストフレームの外側に追い出す機能。［ジャスティフィケーション］は欧文の文字及び単語間隔の「最小」「最大」「最適」の値を指定する。そのほかの機能はヘルプメニューの［Illustrator ヘルプ］などを参照してください

① 左揃え：行（段落）を左揃えにする
② 中央揃え：行（段落）を中央揃えにする
③ 右揃え：行（段落）を右揃えにする
④ 均等配置（最終行左揃え）：複数行の段落を両端揃えにし、最終行のみ左揃えにする
⑤ 均等配置（最終行中央揃え）：複数行の段落を両端揃えにし、最終行のみ中央揃えにする
⑥ 均等配置（最終行右揃え）：複数行の段落を両端揃えにし、最終行のみ右揃えにする
⑦ 両端揃え：段落全体を両端揃えにする

⑧ 左インデント：テキストフレームの左側を空ける
⑨ 右インデント：テキストフレームの右側を空ける
⑩ 1行目左インデント：複数行の段落の1行目の左側のみを空ける

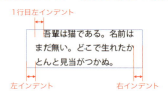

⑪ 段落前のアキ：選択した段落の前を空ける
⑫ 段落後のアキ：選択した段落の後を空ける
⑬ 禁則処理セットを選択：［強い禁則］［弱い禁則］を選択する。
［強い禁則］では拗促音、音引も禁則の対象になる。

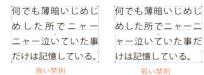

⑭ 文字組みセットを選択：句読点や括弧を全角／半角にするなどのルールを指定する。カスタマイズも可能。デフォルトで設定できる文字組みの4種類の組み見本は212ページを参照

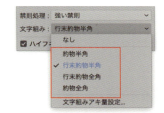

⑮ 自動ハイフネーション：英語の単語が行末に来たとき、ハイフンを挿入して自動的に分割する

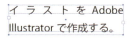

● 自動行送りの設定

「自動行送り」は文字サイズの値の％（パーセンテージ）で自動的に設定されるものです。この設定を変更するには、段落パネルメニューの［ジャスティフィケーション設定］で行います。

行送りの設定方法は［日本語基準の行送り］と［欧文基準の行送り］の2種類から選べます。どちらを選ぶかで動きが変わります。

自動行送りの設定

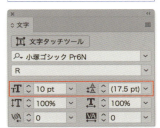

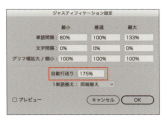

「自動行送り」は文字サイズの値の％（パーセンテージ）で設定される。デフォルトでは［自動行送り：175％］で設定されているので、文字サイズを10ptにした場合は、行送りは17.5％になる。段落パネルメニューの［ジャスティフィケーション設定］では％の値を変更できる

日本語基準の行送り

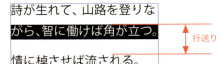

段落パネルメニューの［日本語基準の行送り］を選ぶと、選択した行の天と、次の行の天との距離が行送りの基準になる

欧文基準の行送り

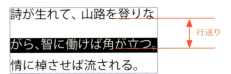

段落パネルメニューの［欧文基準の行送り］を選ぶと、選択した行のベースラインと、前の行のベースラインとの距離が行送りの基準になる

Illustrator Basic Operation
3-15　文字タッチツール、パス上文字ツール

学習のポイント
- 文字タッチツールでは、文字の変形、移動、回転の操作をドラッグ操作で行えます。
- パス上文字ツールを利用すると、テキストをパスに沿って配置できます。
- パス上文字オプションでは、5種類の効果を選択できます。

● 文字タッチツール

文字タッチツールで文字を選択すると、文字にハンドルが現れます（右図参照）。このハンドルを操作して文字を変形できます。

文字タッチツールで文字を選択する

文字タッチツールで文字を選択すると、文字が四角形で囲まれ、四隅にハンドルが現れる。1文字ずつ操作していく

TOOLS 解説

 文字タッチツール

選択した1つの文字キャラクタのみを操作することが可能で、文字の拡大・縮小・移動・変形・回転を行うことができます。

文字タッチツールで文字を変形する

右上のハンドルをドラッグすると、縦横変倍で拡大縮小できる。右下のハンドルをドラッグすると水平方向に、左上のハンドルをドラッグすると垂直方向に拡大縮小できる

文字タッチツールで文字を回転する

上部のハンドルをドラッグすると文字を回転できる

文字タッチツールで文字を移動する

左下のハンドル、あるいは四角形の内側にカーソルを置いてドラッグすると、移動ができる

文字タッチツールを解除し、文字を編集する

文字タッチツールで行った操作は、文字パネルの［フォントサイズ］［垂直比率］［水平比率］［カーニング］［ベースラインシフト］［文字回転］の数値に反映される。微調整を行いたい場合は、これらの数値を変更することでも操作が可能。また個々の文字は入力し直すことも可能だ

120

● **パス上文字ツール**

パス上文字ツールを使うと、パスのセグメントに沿って文字を配置することができます。文字の配置後に、文字を移動することもできます。

パス上に文字を入力する

楕円形ツールで楕円を描き、下半分を消去した。パス上の文字入力したい位置でパス上文字ツールでクリックする

カーソルが点滅し、文字が入力できるモードになる

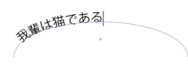

テキストを入力したところ。テキストがパスに沿って入力された

TOOLS 解説

 パス上文字ツール
パスをテキスト入力用のパスに変換し、パスに沿ってテキストを入力、編集できるようにします。

 パス上文字（縦）ツール
パスを縦書きテキスト入力用に変換し、パスに沿って縦書きテキストを入力、編集できるようにします。

パス上文字を編集する

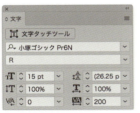

文字ツールで文字を選択し、文字パネルでフォントやサイズ、カーニングなどを設定して見栄えを整えることができる

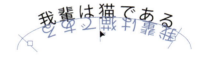

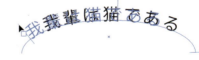

選択ツールでクリックすると、文字の先端、中央、終端に棒状のハンドルが現れる。このハンドルをつかんでドラッグすると、文字を移動したり、パスの反対方向に配置することもできる

パス上文字オプション

パス上文字を選択し、書式メニューから[パス上文字オプション]→[パス上文字オプション]を選び、ダイアログを表示する。このダイアログでは、[効果]の種類や[パス上の位置]などを変更できる。効果は右図の5種類がある

虹
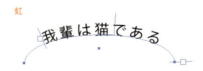

階段状
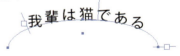

歪み

引力

3D リボン

Illustrator Basic Operation

3-16　段組、タブの設定

学習の
ポイント

- エリア内文字オプションで、段組やオフセット値を設定してみよう。
- 「段組設定」を利用すると、段組や表組のオブジェクトを作ることができます。
- タブを利用すると、文字列を揃えることができます。

● エリア内文字オプションの設定

　書式メニューから［エリア内文字オプション］を選ぶと、エリア内文字の［行］と［列］にそれぞれ段数が指定できます。また、エリア内テキストの外枠からのオフセット値を設定できます。［自動サイズ調整］をオンにすると、行が増えると、エリア内文字のサイズが自動的にフィットするようになります。

［エリア内文字オプション］で段を設定する

書式メニューから［エリア内文字オプション］を選び、ダイアログを表示する。ここでは［列］の［段数］を［2］に変更して、2段組にしている

外枠からのオフセット値を設定する

エリア内テキストの外枠からのオフセット値を設定できる。オフセット値を設定すると、テキストと外枠の間に余白スペースができる。上の作成では、外枠をダイレクト選択ツールで選択し、塗りのカラーを設定した

自動サイズ調整

段組をしない場合は［自動サイズ調整］をオンにできる。この機能は、バウンディングボックスを表示させた時に現れる四角の突き出たハンドルをダブルクリックする操作でもオンにできる。行が増減すると、エリア内文字のフレームが行数に応じて自動的に伸縮するようになる

●「段組設定」を利用して、段組や表組のオブジェクトを作る

段組や表組を作る時は、「段組設定」を利用して、規則的なグリッドを作成することができます。長方形を作成し、縦横の段数と間隔を設定してオブジェクトを分割することができます。

最初に長方形ツールで段組を作成するための四角形を作成する。この四角形を分割して段組や表組の形に変換する。長方形を選び、オブジェクトメニューから［パス］→［段組設定］を選択する

［段組設定］ダイアログが表示される。［行］［列］のフィールドで［段数］［間隔］を指定すると、［高さ］［幅］が自動的に計算される。［プレビュー］をチェックして結果を確認する

［間隔］で値を指定すると、段組を設定する際の段間になる。［ガイドを追加］をチェックすると、［OK］を押した後に自動的にガイドオブジェクトが作成される

● タブを使って文字列を揃える

タブを使うと、文字列を揃えることができます。テキストには、揃えたい文字の前にタブを入力しておきます。タブパネルを表示し、右揃えや左揃えのタブマーカーを設定して、文字列を揃えることができます。

揃えたい文字の前にタブを入力する。書式メニューから［制御文字を表示］を選ぶと、タブが矢印の記号で表示される

テキストを選択し、ウィンドウメニューから［書式］→［タブ］を選ぶと、テキストの上部にタブパネルが現れる。パネルの右下をドラッグして、サイズを変更する

ここでは、価格の文字列を右揃えにする。右揃えタブのボタンをクリックし、定規の上の揃えたい位置でクリックすると、タブマーカーが設定される。設定したタブマーカーは、ドラッグ操作や、［位置］に数値を指定して設定できる。リーダーの入力ボックスに「.」（ピリオド）を入力すると、ピリオドが連続して表示され、破線のような見映えになる

Illustrator Basic Operation
3-17 定規を利用し、ガイドを作成する

学習のポイント
- 定規を表示すると、オブジェクトをX、Yの座標値で正確に配置できるようになります。
- 定規からドラッグすると、ガイドオブジェクトを引き出すことができます。
- スマートガイド機能は、オブジェクトをドラッグ操作で配置する際に便利です。

● 定規を表示する

Illustratorで印刷物のレイアウトをしたり、Webページのモックアップなどを作成する場合は、ウィンドウ上に定規を表示させましょう。オブジェクトを配置する際は、ガイドに表示される数値がX、Yの座標値になります。座標値はコントロールパネルや変形パネルで指定します。

ウィンドウに定規を表示する

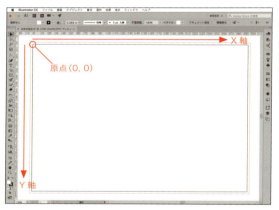

表示メニューから［定規］→［定規を表示］を選ぶと、ウィンドウの上部と左側に定規が表示される。定規の値はX、Yの座標値になる。定規の原点はアートボードの左上コーナーになる

オブジェクトをXY座標値で配置する

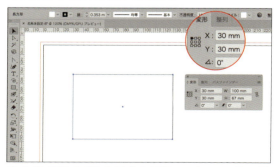
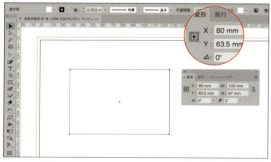

アートボード内にオブジェクトを作成すると、コントロールパネルや変形パネルでX、Yの座標値が示される。座標値は直接入力することができる

X、Yの座標値は基準点の位置で変わる。基準点の変更は、小さな四角形をクリックする。左図はオブジェクトの左上を基準点に設定しているが、右図は中央を基準点に設定した

● ガイドを作成する

アートボード内に手動でガイドを作成することができます。定規を表示させ、定規からドラッグするとガイドを引き出すことができます。ガイドは、X、Yの座標値を入力して正確に配置することもできます。

ドラッグ操作でガイドを作成する

ウィンドウに定規を表示するには、表示メニューから［定規］→［定規を表示］を選ぶ。作成されるガイドはロックされているので、ガイドを選択できるようにする。表示メニューから［ガイド］→［ガイドをロック］を選び、チェックマークをはずしておく。ガイドを削除するには、ガイドを選択して delete キーを押せばよい

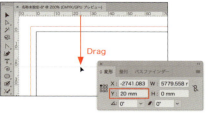

水平方向の定規からドラッグを始めると、水平のガイドが作成できる。定規の目盛りを参照しながらガイドを引く。Y座標値で数値入力することもできる

垂直方向の定規からドラッグを始めると、垂直のガイドが作成できる。定規の目盛りを参照しながらガイドを引く。X座標値で数値入力することもできる

オブジェクトをガイドに吸着させる

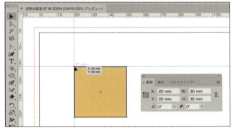

作成したガイドを基準にオブジェクトを配置しているところ。オブジェクトをガイドに吸着させたい場合は、スマートガイドを表示させ、アンカーポイントを選択してドラッグすると、ガイドに合わせやすくなる

● スマートガイドを表示する

表示メニューから［スマートガイド］を選ぶと、オブジェクトを作成したり、配置する場合に、座標値や整列する位置を示すメッセージが表示されるようになります。ただしこの機能は、ピクセルプレビューがオンの場合は表示されません。

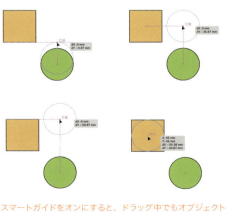

スマートガイドをオンにすると、ドラッグ中でもオブジェクトが整列した位置で上図のようなメッセージが表示される

3章 Illustrator の基本操作

17 定規を利用し、ガイドを作成する

125

Illustrator Basic Operation

3-18　オブジェクトを整列する

学習のポイント
- 整列パネルを使うと、複数のオブジェクトを基準の位置に整列させることができます。
- キーオブジェクトを指定したり、アートボードを基準に整列させることもできます。
- 複数のオブジェクトを等間隔に分布することができます。

● 整列パネルでオブジェクトを揃える

　整列パネルを利用すると、複数のオブジェクトを水平、垂直方向のラインに揃えることができます。操作は、整列させたい複数のオブジェクトを選択し、整列パネルのボタンをクリックします。この機能は、Illustratorでは頻繁に使うので、コントロールパネルでも利用できるようになっています。

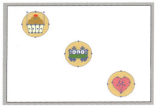
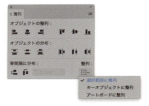

3つのオブジェクトはそれぞれグループ化している。整列パネルの右下の三角ボタンをクリックし、[選択範囲に整列]を選ぶ。3つのオブジェクトを選択し、[オブジェクトの整列]の6種類のボタンを押してみよう

コントロールパネルでも整列のボタンが表示される。選択ツールで複数のオブジェクトを選ぶと、コントロールパネルの表示が上図のようになる

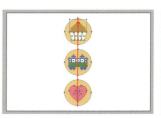

3つのオブジェクトを選択し、整列パネルの目的のボタンをクリックする操作で、オブジェクトを基準の位置に整列させることができる

水平方向左に整列　　　水平方向中央に整列　　　水平方向右に整列

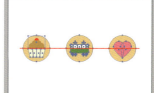
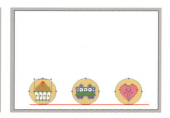

垂直方向上に整列　　　垂直方向中央に整列　　　垂直方向下に整列

● キーオブジェクトに整列／アートボードに整列

整列の基準になるオブジェクトを指定することができます。複数のオブジェクトを選択した後で、キーとなるオブジェクトをクリックして指定し、整列ボタンをクリックすると、キーオブジェクトは動かずその他のオブジェクトが整列するようになります。

アートボードを基準に整列させることができます。整列パネル右下のボタンをクリックし、[アートボードに整列] を選んで各種ボタンをクリックします。

キーオブジェクトに整列

3つのオブジェクトを選択した後、中央のオブジェクトをクリックし、キーオブジェクトとして指定する。キーオブジェクトの選択カラーが太く強調されて表示される。この状態で［オブジェクトの整列］のボタンをクリックすると、キーオブジェクトが固定され、そのほかのオブジェクトがキーオブジェクトを基準に整列する

アートボードに整列

整列パネル右下のボタンで［アートボードに整列］を選ぶと、アートボードを基準にオブジェクトを整列させることができる

● 等間隔に分布

整列パネルの［等間隔に分布］を利用すると、オブジェクト同士を等間隔に分布することができます。また、間隔の値を数値で指定して、等間隔で配置することもできます。

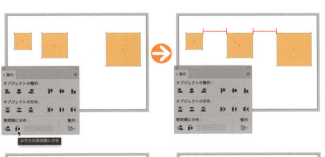

3つのオブジェクトを選択し、［水平方向等間隔に分布］ボタンをクリックした。オブジェクト同士が水平方向に等間隔に分布する

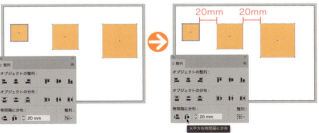

まず、3つのオブジェクトを選択して、キーオブジェクトをクリックして指定する。入力ボックスに数値を指定して［水平方向等間隔に分布］ボタンをクリックした。オブジェクト同士の間隔が指定した値で等間隔に分布する

Illustrator Basic Operation

3-19 パスファインダーの活用

- パスファインダーパネルでは、オブジェクト同士を合体したり型抜きしたりできます。
- 複合シェイプに変換すると、形状を変換後も編集操作が可能になります。
- パスファインダーパネルのさまざまな機能を試してみましょう。

● パスファインダーパネルの操作

ウィンドウメニューから［パスファインダー］を選び、パネルを表示させます。複数のオブジェクトを重ねて、これらを選択し、パスファインダーパネルでボタンをクリックする操作で、オブジェクトを合体させたり、型抜きすることができます。

上段の［形状モード］の4つのボタンは、optionキーを押しながらボタンをクリックすることで、複合シェイプを作成することができます。

パスファインダーパネルの基本操作

複数のオブジェクトを作成し、重なるように配置する。ここでは［形状モード］から［合体］ボタンをクリックしてみよう。重なったオブジェクトが合体し、1つにまとまる

複合シェイプに変換して編集する

optionキーを押しながら［合体］のボタンをクリックすると複合シェイプの状態になる。複合シェイプに変換後は、ダイレクト選択ツールまたはグループ選択ツールを使用して、オブジェクトの選択と編集の操作を個別に行うこともできる

複合シェイプのオブジェクトは、オブジェクトをダブルクリックして編集モードに切り替えて編集を行うことができる

複合シェイプを1つのオブジェクトに合体させるには、パスファインダーパネルメニューから［複合シェイプを拡張］を選ぶ。複合シェイプを解除するには、同メニューから［複合シェイプを解除］を選ぶ

● **パスファインダーで作成できるオブジェクト**

パスファインダーパネルでは、以下のようなオブジェクトに変換できます。

元画像

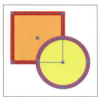

元になるオブジェクトは左図のもの。それぞれに塗りと線のカラーを変えているが、パスファインダーを実行後に塗りと線のカラーがどのように変換されるかも確認しておこう。
パスファインダーを実行後にできる複数のオブジェクトはグループ化されている。個々に選択して編集する必要があれば、オブジェクトメニューから［グループ解除］を実行する

合体

すべてのオブジェクトを1つの結合されたオブジェクトのように扱い、アウトラインをトレースする

前面オブジェクトで型抜き

最背面のオブジェクトから前面のオブジェクトを削除する。ドーナツ状に穴をあける複合パスを作成できる

交差

すべてのオブジェクトが重なり合っている領域のアウトラインをトレースする

中マド

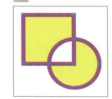

オブジェクトが重なり合っていないすべての部分をトレースし、重なり合っている部分を透明にする

分割

1つのアートワークを、その構成要素である塗りが適用された面に分割する。上図では、分割を実行後、グループ化を解除し、オブジェクトを移動したところを示している

刈り込み

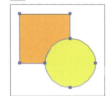

塗りが適用されたオブジェクトの隠れた部分を削除する。線はすべて削除され、同じカラーのオブジェクトは結合されない

合流

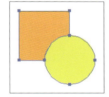

塗りが適用されたオブジェクトの隠れた部分を削除する。線はすべて削除され、同じカラーの隣接あるいは重なり合うオブジェクトはすべて結合される

切り抜き

塗りが適用された面に分割した後、最前面のオブジェクトの境界線外にあるすべての部分を削除する

アウトライン

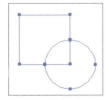

オブジェクトを、その構成要素である直線セグメント（エッジ）に分割する

背面オブジェクトで型抜き

最前面のオブジェクトから背面のオブジェクトを削除する

> **MEMO**
>
> パスファインダーの［前面オブジェクトで型抜き］を実行すると、ドーナツ形を作ることができます。あるいは、オブジェクトメニューから［複合パス］→［作成］を実行しても穴をあけることができます。
>
>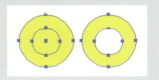

Illustrator Basic Operation
3-20 アピアランスパネル

学習の ポイント
- アピアランスパネルを使うと新規に線や塗りを追加することができます。
- アピアランスパネルでは、線、カラー、スウォッチ、透明パネルにアクセスできます。
- アピアランスパネルでレイヤーの順序を入れ替えてみましょう。

●アピアランスパネルで新規線／塗りを追加する

アピアランスパネルを利用すると、オブジェクトの線や塗りの属性を追加することができます。1つのオブジェクトでもアピアランス属性を重ねることで複雑な効果を表現できます。オブジェクトに適用する線や塗りの属性は、アピアランスパネルで直接指定できます。アピアランスパネルからは、線パネル、カラーパネル、スウォッチパネル、透明パネルに直接アクセスできるので、素早く適用できます。

新規線を追加する

鉄道の線路を1本の線で描いてみよう。直線ツールで水平線を描く。アピアランスパネルで線のカラーを黒、線幅を［15pt］に指定した

アピアランスパネルメニューから［新規線を追加］を選ぶ。あるいはパネル下の［新規線を追加］ボタンをクリックする

アピアランスパネルに新しい線の項目が現れる。上の線の設定を、線のカラーを白、線幅を［10pt］に指定した

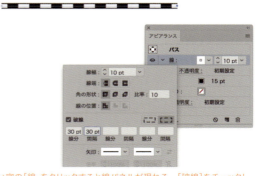

青い字の「線」をクリックすると線パネルが現れる。［破線］をチェックし、［線分］と［間隔］を指定し、破線の形状にする。鉄道の線路を表す線ができあがる

新規塗りを追加する

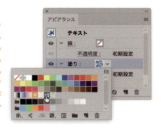

文字を入力し、塗りのカラーをグリーンに設定した。アピアランスパネル下の［新規塗りを追加］ボタンをクリックする

アピアランスパネルに新しい塗りと線の項目が現れる。塗り見本の横にある三角ボタンをクリックするとスウォッチパネルが現れる（shiftキーを押しながらクリックするとカラーパネルが現れる）。ここではパターンの塗りを選んだ

［塗り］と書かれた左側の三角ボタンをクリックすると、青い字で［不透明度］の文字が現れる。［不透明度］の文字をクリックすると透明パネルが現れる。［不透明度］を下げると背面のカラーが透過して見えるようになる

● アピアランスパネルの編集

　アピアランスに登録された線や塗りの設定は、ドラッグ操作で前後の入れ替えが可能です。たとえばフチ文字の効果では、線の効果を塗りの下に移動することで、形のよいフチ文字に仕上げることができます。また、目のアイコンをクリックして表示／非表示を切り替えることができます。

テキストを入力し、新規線を追加し、線のカラーを赤に、線幅を［5pt］に設定した。フチ文字ができあがるが、線が文字の内側を侵食して見映えが悪い

線の設定を塗りの背面に送る。操作は、線の項目をつかんで、下方向にドラッグし「文字」の下に移動する

フチのカラーが塗りの背面に移動し、文字本来のデザインが現れ、見映えがよくなった

目のアイコンをクリックして非表示にすると、線や塗りの効果を一時的に隠すことができる

Illustrator Basic Operation

3-21 効果メニューの特殊効果

学習の ポイント

- 効果メニューで適用した特殊効果はアピアランスパネルに登録されます。
- アピアランスパネルで効果名をクリックすると、後で設定を変更できます。
- 効果はグラフィックスタイルパネルに登録できます。

● 効果メニューとアピアランスパネル

アピアランスパネルの下にある［新規効果を追加］ボタンをクリックして、オブジェクトにさまざまな効果を与えることができます。同様の操作は効果メニューからでも行えます。適用した効果はアピアランスパネルに登録され、後で効果名をクリックすることで再度ダイアログを呼び出して編集することもできます。

楕円形ツールで円を作成し、アピアランスパネル下の［新規効果を追加］をクリック、［パスの変形］→［ジグザグ］を選ぶ

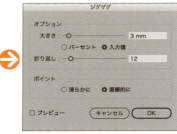

［ジグザグ］ダイアログボックスが現れる。パラメーターを図のように入力する。［プレビュー］をチェックすると結果が確認できる

ジグザグが適用されたところ。アピアランスパネルには「ジグザグ」の効果名が表示され、効果が適用されていることが確認できる

さらに効果を加えてみよう。アピアランスパネル下の［新規効果を追加］をクリック、［スタイライズ］→［ドロップシャドウ］を選ぶ

効果メニューに現れるさまざまな効果。上段は「Illustrator 効果」、下段は「Photoshop 効果」（フィルター効果に近い）に分かれている

［ドロップシャドウ］ダイアログボックスが現れる。パラメーターを図のように入力する。［プレビュー］をチェックすると結果が確認できる

ドロップシャドウが適用されたところ。アピアランスパネルには「ドロップシャドウ」の効果名が表示され、効果が適用されていることが確認できる

● **グラフィックスタイルパネルに効果を登録する**

アピアランスパネルで適用した設定はグラフィックスタイルパネルに登録できます。グラフィックスタイルパネルには、効果がサムネールで表示されます。グラフィックスタイルパネルに登録すると、オブジェクトを選択して目的の効果のサムネールをクリックするだけの操作で効果を適用することができます。また、グラフィックスタイルライブラリメニューからは、さまざまな効果が選べるようになっています。

グラフィックスタイルの登録

アピアランスパネルで適用した効果のサムネールをグラフィックスタイルパネルの中にドラッグする操作で、アピアランスの効果を登録できる。グラフィックスタイルパネルには効果のサムネールが表示される

グラフィックスタイルの適用

別のオブジェクトに登録した効果を適用する。楕円のオブジェクトを選択し、グラフィックスタイルパネルのサムネールをクリックするだけの操作でアピアランスの効果が適用できる

グラフィックスタイルライブラリ

グラフィックスタイルパネル下の［グラフィックスタイルライブラリメニュー］ボタンをクリックすると、デフォルトで入っているさまざまな効果のライブラリが表示される

グラフィックスタイルライブラリメニューの中から「ボタンとロールオーバー」を選択すると左図のパネルが現れる。長方形を作成し、好みの効果をワンクリックするだけで、ボタンのデザインができあがる

MEMO

グラフィックスタイルパネルのプレビューは四角形とテキストが選べます。切り替えはパネルメニューから［プレビューに四角形を使用］あるいは［プレビューにテキストを使用］のどちらかを選びます。
グラフィックスタイルパネルのプレビューアイコンを右クリックすると拡大表示されます。適用したいオブジェクトを選択して右クリックすると、効果を適用した状態がプレビューされます。

［プレビューにテキストを使用］を選んだ時のパネル表示

適用したいオブジェクトを選択してグラフィックスタイルの見本を右クリックすると、効果が適用された状態をプレビューできる

Illustrator Basic Operation
3-22　画像の配置

**学習の
ポイント**

- 画像を配置する方法は「リンク」と「埋め込み」があります。
- リンクと埋め込みの見分け方や編集方法を知っておきましょう。
- 配置した画像を角版や丸版でトリミングしてみましょう。

●「リンク」と「埋め込み」で画像を配置する

　Illustratorで画像を配置する際には「リンク」で配置するか「埋め込み」で配置するかを選択します。リンクで配置した場合は、画像のプレビュー情報を読み込み、外部の画像ファイルとリンクして配置されます。そのため、配置後も元の画像ファイルが必要になります。埋め込みでは、画像の情報をそのまま取り込んで配置するため、配置後に元の画像ファイルは必要なくなります。

画像の配置

ファイルメニューから［配置］を選択する

［配置］ダイアログが現れる。配置したい画像を選ぶ。［リンク］のチェックボックスをオンにするとリンク形式で配置され、オフにすると埋め込み形式で配置される

ここでは、［リンク］をオンにして［配置］ボタンをクリックした。カーソルが画像の形に変わる。このままクリックすると実寸で配置される。ドラッグして四角形を描くと、四角形の大きさで画像が配置される

リンクと埋め込みの見分け方

リンクと埋め込みで配置した画像の見分け方は、画像を選択した際に対角線が表示されるのがリンク、対角線が表示されないのが埋め込みだ。また、ウィンドウメニューから［リンク］を選び、リンクパネルを表示すると、配置した画像のリンク状況を確認できる。埋め込みの場合は、画像名の右側に埋め込みを示すアイコンが表示される。アイコンが表示されなければリンクだ

埋め込みであることを示すアイコン

リンクと埋め込みの変更

リンクパネルメニューから［画像を埋め込み］を実行すると、リンク画像を埋め込みに変更できる

埋め込み画像をリンクにしたい場合は、リンクパネルメニューから［埋め込みを解除］を実行する。ダイアログが現れ、リンク画像を保存するよう促されるので、［保存］をクリックして画像を書き出す流れになる

リンク画像の編集

修正したい画像を選択し、リンクパネルメニューから［オリジナルを編集］を選ぶ。この操作で、編集するソフトウェアとしてPhotoshopが自動的に立ち上がり、目的のリンク画像が開く

ここでは、Photoshopで背景を選択して消去した。修正後、ファイルメニューから［保存］を選ぶ。保存時に名前を変更するとIllustratorとのリンクが切れてしまうので、必ず上書き保存する

Illustratorに戻るとダイアログが表示され、リンク画像が修正され、リンク画像を更新するかどうか尋ねてくるので［はい］をクリックする。リンク画像が更新されるので、内容を確認しよう

● 画像をマスクする

写真をトリミングしてみましょう。角版（長方形の画像）であれば、［マスク］機能を利用するのが便利です。

角版以外の形で切り抜く場合は「クリッピングマスク」を利用するのがよいでしょう。

「マスク」ボタンで角版にトリミングする

配置した写真を選択し、コントロールパネルで［マスク］ボタンをクリックする。バウンディングボックスを表示し、周囲のハンドルをドラッグすると、角版の画像をトリミングできる

クリッピングマスクで切り抜く

写真の上に切り抜きたい形の図形を配置する。右の作例では円を切り抜く形で作成して配置した。写真と切り抜く形のオブジェクトを両方選択し、オブジェクトメニューから［クリッピングマスク］→［作成］を実行すると、写真が前面のオブジェクトの形で切り抜かれる

Illustrator Basic Operation

3-23　パスや文字のアウトライン化

学習のポイント
- 線の属性を持ったパスはアウトライン化して、編集することができます。
- 文字をアウトライン化すると、フォントの輪郭のパス情報を呼び出すことができます。
- 文字をアウトライン化して、オリジナルのロゴを作ってみましょう。

● パスをアウトライン化して地図を描く

　線パネルでは、線の形状を細かく指定することができます。この線はアウトライン化することで、塗りのあるオブジェクトに変換できます。アウトライン化後は、アンカーポイントやセグメントを編集して形状を変えることもできます。以下では、この技法を使って、見映えのよい地図を作成してみましょう。

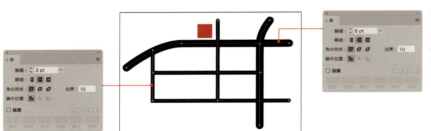

道路はペンツールで線を描き、線幅を変えて表す。作例では細い道路を3pt、太い道路を6ptに設定した。線端の形状を［丸型線端］を選ぶと線端が丸くなる

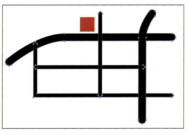

道路のオブジェクトを選んで、オブジェクトメニューから［パス］→［パスのアウトライン］を選ぶと、線の形状が塗りのオブジェクトに変換される

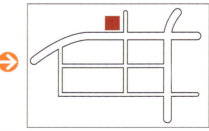

道路のオブジェクトを選んで、パスファインダーパネルで［合体］を実行し、塗りのカラーを白、線のカラーを黒に変更した

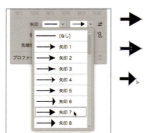

線パネルでは線端の形状を矢印に指定できる。矢印を適用した線のオブジェクトを選び、オブジェクトメニューから［パス］→［パスのアウトライン］を選ぶと、アンカーポイントを編集して矢印の形状を変えることができる

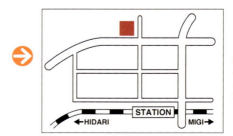

線路の下に左右方向の矢印を置き、テキストを配置して地図の完成

● 文字をアウトライン化して編集する

Illustratorで文字を選択し、書式メニューから[アウトラインを作成]を実行すると、パス情報が表示されます。ダイレクト選択ツールでパスやアンカーポイントを選択して、文字の形を編集できます。アウトライン化すると、文字として編集できなくなりますので注意してください。

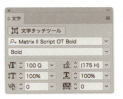

Illustratorで文字を入力し、フォントや大きさを指定。選択ツールで文字全体を選択する

書式メニューから[アウトラインを作成]を実行する。文字の輪郭にパスやアンカーポイントが表示される

文字をアウトライン化した直後はグループ化されているので、オブジェクトメニューから[グループ解除]を実行する。個々の文字を選び、大きさを変更したり、パスを編集する

「L」の文字だけ大きくし、形を変更した。全体のバランスを見ながら微調整して完成

● 文字をイラスト風に加工する

文字にイラストを組み合わせると親しみやすいロゴに仕上げることができます。下の作例は、文字にハイライトを加えたり、オレンジのイラストを組み合わせてみました。

文字を入力してアウトライン化する

ペンツールで線を描き、線端を[丸型線端]、線のカラーを白にする。さらに、白い円を描き加える

文字にハイライトが加わり、アイキャッチになった

文字を入力してアウトライン化、グループ解除する

「O」の文字を消去し、図のようなイラストを描く

果実のオブジェクトを回転、複製して仕上げる

3章 Illustratorの基本操作

23 パスや文字のアウトライン化

137

Illustrator Basic Operation

3-24 トンボを作成する

学習のポイント

- 印刷用のデータ作成では、トンボが必要な場合があります。
- トンボはプリント時に付ける方法と、アートボード内に作成する方法があります。
- 裁ち落としの処理や、折りトンボなど、印刷のルールを覚えておきましょう。

● 印刷時にトンボを付けて出力する

印刷物を作成する場合は、トンボが必要な場合があります。仕上がりサイズとアートボードサイズが同じであれば、トンボなどの印刷マークは [プリント] ダイアログで指定できます。ただし、仕上がり線いっぱいまで写真や色を配置する場合は、「裁ち落とし」の処理を行ない、外側3mmはみ出るようにします。

上の作例は、はがきサイズでアートボードを作成してレイアウトしたもの。裁ち落としの処理が必要な場合は、外側の赤いガイドラインまで色を広げる

ファイルメニューから [プリント] を選ぶ。[トンボと裁ち落とし] を選ぶと、印刷用のマークを付けて出力することができる。ここではすべてにチェックを入れて印刷してみた

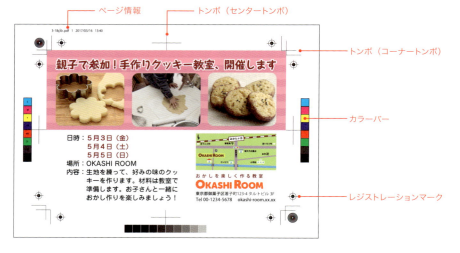

- ページ情報
- トンボ（センタートンボ）
- トンボ（コーナートンボ）
- カラーバー
- レジストレーションマーク

上図の設定で出力したもの。印刷マークはそれぞれ役割がある。コーナートンボは仕上がり線と裁ち落としの領域を示すもの、センタートンボやレジストレーションマークは多色刷りの見当合わせを確認するもの、カラーバーは出力機の色の調子を確認するものである。ページ情報は、出力した日付やファイル名が印刷される

●アートボード内にトンボとガイドを作成する

トンボをアートボード内に作成することもできます。さらに作成したトンボを独自に加工することもできます。この技法は、折加工の印刷物やパッケージなどのフォーマット（台紙）を作るときに必要です。以下では、A4サイズ3つ折の印刷物を作る場合に必要な、トンボや折トンボ、ガイドの作り方を解説します。

B4サイズ、横置きのアートボードを作成、長方形ツールでA4サイズの長方形を作成する

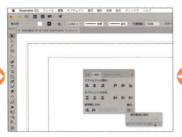
整列パネルでアートボードを中央に配置する

長方形の線を「なし」にし、オブジェクトメニューから［トリムマークを作成］を実行する

トンボが作成された。長方形を選択しコピー後、［同じ位置にペースト］を実行する

変形パネルで基準点を真ん中に変更し［W：303mm］［H：216mm］にする

紙面を3分割するガイドを作成する。ダイレクト選択ツールで内側の縦の辺をクリックして選び、コピー後、同じ位置にペーストを実行する。returnキーを押して［移動］ダイアログを表示、［水平方向：99mm］で移動する

もう一度同じ操作を繰り返し、紙面を3分割するガイドを作成する

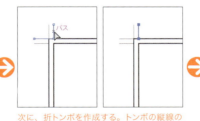
次に、折トンボを作成する。トンボの縦線のパーツをダイレクト選択ツールでクリックして選び、コピー後、同じ位置にペーストを実行する

returnキーを押して［移動］ダイアログを表示、［水平方向：99mm］で移動する

同じ操作を繰り返し、上部の折トンボを作成する。下部の折トンボも作成する

トンボ以外のオブジェクトを選択、表示メニューから［ガイド］→［ガイドを作成］を実行

3つ折の印刷物のトンボとガイドができあがった

Illustrator Basic Operation

3-25 テクニカルイラストレーションを描く

学習のポイント
- メッシュツールを使うと、複雑な形状の陰影を表現できます。
- 自由変形ツールを使うと、奥行きを感じさせる歪み（パース）変形ができます。
- グラデーションの設定を工夫して、テクニカルイラストレーションにトライします。

● メッシュツールと自由変形ツール

メッシュツールを利用すると、1つのオブジェクトに複数のメッシュポイントを作成し、色指定できます。オブジェクトを歪ませて変形したい場合は自由変形ツールを利用しましょう。

TOOLS解説

 メッシュツール
メッシュやメッシュエンベロープを作成および編集します。

 自由変形ツール
選択部分のサイズ変更、回転、歪み変形を行います。

自由変形ツールでパース変形する

キーボードを真上から見た図を角丸長方形を組み合わせて作成する

⬇

グラデーションメッシュで陰影を表現する

メッシュツールでオブジェクトの上でクリックすると、クリックした位置にメッシュポイントが現れる

すべてを選択し、自由変形ツールの［自由変形］ボタンを押し、ハンドルをドラッグして垂直方向に圧縮する

⬇

メッシュポイントをダイレクト選択ツールで選択し、色を変更してみよう。作例では明度を上げて明るくした

自由変形ツールの［遠近変形］ボタンを押し、台形状に変形する

⬇

ダイレクト選択ツールでメッシュポイントを複数選択し、色を変更してみよう。作例では明度を下げて暗くした

手前が大きく、奥が小さく見え、奥行きが表現できた

● テクニカルイラストレーションを描いてみよう

これまで学んできた技法を使って、リアルなテクニカルイラストレーションを作成してみましょう。Macintoshの本体、キーボード、マウスをパスで輪郭を描き、グラデーションやベタのカラーを適用します。

Illustratorでは、色指定は個々のオブジェクトに対して行います。複雑な形状のものは、パスファインダーでオブジェクトを分割すると、個々のパーツに色指定できるようになります。

単純なパスであっても、塗りの指定を工夫することで、リアルなイラストレーションに仕上げることができます。

グラデーションで金属の質感を表現する

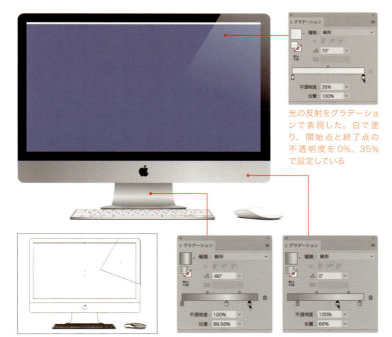

光の反射をグラデーションで表現した。白で塗り、開始点と終了点の不透明度を0%、35%で設定している

上のイラストのパス情報をプレビューモードで画面表示した。どのようなパスで構成されているかがわかる

金属の反射をグレー濃度が変化するグラデーションで表現した

グラデーションを組み合わせてマウスを表現する

上図のようにペンツールで線を描く。中央を横切る線は太くしてはみ出るようにしている

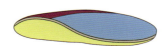

ここまでの操作で4つのオブジェクトができあがった。各面を塗り分けると上図のようになる

太い線のパスのアウトラインを作成し、パスファインダーの［分割］を実行、はみ出た部分を消去する

各面にグラデーションの塗りを設定する。上図はグラデーションメッシュで塗った箇所を示している

オブジェクトを分割するパスを上図のように加え、パスファインダーの［分割］を実行する

マウスの背面に影になるオブジェクトを作成、グラデーションで影を表現した

> **MEMO**
>
> オブジェクトメニューから［グラデーションメッシュを作成］を選ぶと、行数と列数を指定して、複数のメッシュをまとめて作成できます。
>
>
>
>

3章 Illustratorの基本操作

25 テクニカルイラストレーションを描く

Illustrator Basic Operation

3-26　Web用の素材を作成する

学習の
ポイント

- Webに適した環境設定に変更しましょう。
- 新規ドキュメント作成時は、プロファイルを [Web] や [モバイル] に設定します。
- スライスツールの使い方や書き出し方法を覚えましょう。

● 単位をピクセルに設定して素材を作成する

最初にWeb用の素材作成に適するようIllustratorの環境設定を変更します。
また、新規ドキュメント作成時には、プロファイルに [Web] を選択します。

[環境設定] の [単位] で設定をピクセルに変更する

[環境設定] の [一般] のキー入力設定が小数になっている場合も変更したほうがよい。ここでは 1px にした

Illustrator のカラー設定を変更する。編集メニューから [カラー設定] を選び、「Web・インターネット用 - 日本」に変更する

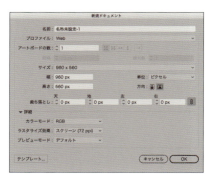

新規ドキュメントを作成する場合は、[プロファイル] で「Web」や「モバイル」を選択すると、カラーモードが RGB になる

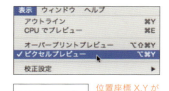

位置座標 X,Y が整数ぴったりの場合

位置座標 X,Y がピクセルに対して端数があると画像がぼやける

ドキュメントを作成したら、表示メニューから [ピクセルプレビュー] を選択する。オブジェクトの位置やサイズが 1px 以下の小数だとにじんで見えるので整数値に変更して調整する

[選択したアートをピクセルグリッドに整合]

[作成および変形時にアートをピクセルグリッドに整合]

コントロールパネルの右上に [選択したアートをピクセルグリッドに整合] ボタンと [作成および変形時にアートをピクセルグリッドに整合] ボタンがある。さらにその右には [「ピクセルにスナップ」の詳細オプション] がある

［選択したアートをピクセルグリッドに整合］を押し、［「ピクセルにスナップの詳細オプション」の下向きの矢印ボタンを押すと詳細説明のムービーとチェックボックスのダイアログが現れる

［ピクセルグリッドに整合］の機能は、小数の分が少しずつ大きさ・形が強制的に変更され元の形とずれてしまう場合があるので注意すること

Web ではカラーモードが RGB であるため、色指定するときはカラーピッカーやカラーパネルで RGB で指定するとよい

● スライスツールでオブジェクトを分割する

Illustrator でデザインカンプ（モックアップ）を作成したのち、スライスツールを使って個別に Web 用画像に書き出すことができます。

TOOLS 解説

スライスツール

Web 用に画像を切り分けます。

スライス選択ツール

作成したスライスを移動したり大きさを変更します。

上のような Web ページのデザインカンプを作成した。ここからスライスツールを使って Web 用の画像にしたい部分を選択する

選択したいパーツをドラッグして決める。ずれた場合や変更したい場合はスライス選択ツールに切り替えてスライスの端をドラッグするか変形パネルで数値を入力

ファイルメニューから［書き出し］→［Web 用に保存（従来）］で書き出す

［Web 用に保存（従来）］ダイアログの時、スライス選択スツールで個別のスライスを選択すると、JPEG、GIF、PNG を個別に設定できる。また選択したスライスだけを書き出すことも可能

オブジェクトメニューから［スライス］→［スライスオプション］を選び、ファイル名（名前）を入力する。また、長方形以外の形の場合は、背景色（なし、または透明など）が選べる

［保存］を実行すると「images フォルダ」が作成され、ファイルが一度に書き出される

Illustrator Basic Operation

3-27 Web用にオブジェクトを書き出す

学習のポイント

- アートボードからWeb用のオブジェクトを書き出す方法を覚えましょう。
- アセットの書き出しパネルから書き出す方法を覚えましょう。
- SVG形式の特徴と関連する機能を知っておきましょう。

● **アートボードに変換してスクリーン用に書き出す**

デザインカンプ（モックアップ）から一部のパーツをWeb用に書き出すことができます。書き出したい部分をアートボードの大きさに変換し、［スクリーン用に書き出し］または［書き出し形式］、［別名で保存］コマンドを選択すると、SVG形式で書き出せるなどの利点があります。

アートボードに変換して書き出す

書き出したい画像を選択し、オブジェクトメニューから［アートボード］→［選択オブジェクトに合わせる］を選択する

白いアートボードが選択部分と同じ大きさになる

ここではファイルメニューから［書き出し］→［書き出し形式］を選んで書き出してみる

［書き出し］ダイアログで［アートボードごとに作成］にチェックを入れ、保存するファイル名、場所、ファイル形式を選択する。ここでは SVG 形式を選択した

SVG オプションでフォントを埋め込んだり、大きさが可変な［レスポンシブ］にすることができる

書き出されたファイル

複数のアートボードに変換して書き出す

複数のアートボードを一度に作成するときは、作成したい図形と同じ大きさの長方形を予め重ねる（ここでは黒い四角形を作成した）

重ねた図形をすべて選択して、［アートボード］の［アートボードに変換］を選択すると複数のアートボードが作成される

アートボードパネルでアートボード名を変更できる。ここで変更された名前がファイル名になる

［書き出し］ダイアログで［アートボードごとに作成］を選ぶと、複数のファイルを一度に書き出せる

● アセットの書き出しパネルを利用する

アセットの書き出しパネルに書き出したいパーツを登録しておくと一度に書き出せるので大変便利です。

ウィンドウメニューから［アセットの書き出し］を選ぶ

書き出したいパーツを選択、アセットの書き出しパネルにドラッグするか、パネルの［選択したアートワークをこのパネルに追加］ボタンで追加していく

アセットの書き出しパネルに登録すると、アートボード上のオブジェクトに色や形の変更があればリアルタイムで反映される

書き出すファイル名を半角英数字に変更し、アセットの書き出しパネル下部の［書き出し設定］からファイル形式やサイズを選択できる。ここではPNGを選択し、高解像度用に2倍の大きさも指定した

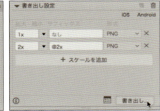

［書き出し］を実行すると一気にファイルが作成される

● SVG形式の特徴

　SVG形式はWeb上で表示可能なベクターグラフィックスの形式です。JPEGなど他のビットマップ画像と違い、大きさを変えても画質が変わらないという利点があります（ブラウザやデバイスによっては滑らかに表示されない場合もあります）。特徴をよく押さえて利用しましょう。

SVGに書き出す時に［レスポンシブ］にチェックを入れるとブラウザのサイズにあわせて可変するようになる。チェックをはずすと元の画像パーツと同じ大きさで書き出される

効果メニューの［SVGフィルター］では、ぼかしなど静的な効果のほか、ブラウザで動きを確認する必要がある動的なフィルタもある（ブラウザによっては動作しない、また表示結果の違うものもある）

［SVGインタラクティビティ］でJavascriptを書き込み、連動させることもできる。この場合書き出しは［別名で保存］で行い［SVG］形式を選択する

［SVGオプション］で［SVGコード］を押すとソースが表示される。ソースをコピーしてHTMLにペーストすると動的なSVGとなる

Illustrator Gallery　　―五十嵐華子／hamko―

Illustratorで作った柔らかで繊細なタッチのイラストを紹介します。アピアランスパネルを使うと、複数の塗りや効果を適用できます。またブラシを活用して柔らかなタッチの線を描くこともできます。

●「ゆめのなか」

　ベクターでどこまで淡い陰影を表現できるかチャレンジした作品です。陰影の部分は細かくパーツを切り分けて薄めのカラーを適用し、乗算で重ねて階調を表現しています。その他にも、3D効果で作ったモデルにテクスチャマッピングをしたり、着色作業にスクリプトを使用したり、いろいろな機能を活用しました。

くまのぬいぐるみ風のモチーフは、ファーの表現にパターンブラシを使っている。こういった複雑なモチーフも、きちんと情報を整理して適切な機能を当てはめて表現することで、かんたんに描くことができる

●「星ふる砂漠」

　キラキラとした星をたくさん描きたくて作った作品です。星が淡く光っている部分には透明グラデーションを活用しました。大きな三日月のモチーフは、細かな星の模様のパターンと複数のグラデーションをアピアランスパネル上で重ねて複雑な濃淡を表現しています。

星のパーツも、グループ全体にパターンやグラデーションなど複数の塗り項目を適用している。アピアランスパネルで複数項目を重ねることで、修正や微調整が楽にできる構成になっている

3章　Illustrator の基本操作

Illustrator Gallery

● Interview

―普段はIllustratorをどのようにお使いですか？
イラスト制作の際、私はほぼIllustratorのみで作業を行っています。

―Illustratorの魅力は何ですか？
ベジェ曲線を活かした硬質でシンプルな絵作りが得意と思われがちなIllustratorですが、作品作りの際はペイント系のアプリケーションに負けない豊かな表現ができるよう心がけています。そのためにはできるだけ多くの機能を知っておく必要がありますので、常日頃から情報収集が欠かせません。また、いろいろな作品を見て「これはIllustratorならどうやったら再現できるだろう？」と考察するようにしています。

―Illustratorを学ぶ人へメッセージをお願いします
まずは「作品の中で自分がやりたいこと」をはっきりさせることが大事だと考えています。固定概念にとらわれず、自由な発想でIllustratorを使って試行錯誤してみてください。使いこなせる機能が増えていくごとに、自分のタッチがどんどん豊かになっていくはずです。

[プロフィール]
五十嵐華子／hamko
2010年より、DTPオペレーターとしてフリーランスで活動中。ペンネーム「hamko」でイラスト制作も行う。見た目も構造も美しく、「後工程に迷惑をかけないデータ」を目指して日々模索中。

• COLUMN •

ライブラリパネルを活用する

ライブラリパネルには、画像やグラフィック、カラー、文字・段落スタイルなどを登録でき、アプリケーションを横断して利用できます。

ライブラリに登録する

Adobe CCでは、Photoshop、Illustrator、InDesignの主要アプリケーションにライブラリパネルが搭載されました。ライブラリパネルには、画像やグラフィックなどのオブジェクト、カラー、文字・段落スタイルを登録できます。適用できるオブジェクトの種類はアプリケーションによって異なります。

登録の方法は、ドキュメントでオブジェクトを選択し、[コンテンツを追加]のボタンをクリックしたり、ドラッグ&ドロップする操作で行います。登録したものには名前を付けることができます。Adobe CCのユーザーであれば、ライブラリパネルに登録した要素はクラウドを経由してほかのアプリケーションでも利用できます。たとえば、Illustratorで登録したオブジェクトを、ライブラリパネルを経由してPhotoshopで利用するといった使い方が可能です。ライブラリパネルは、ライブラリに名前を付けて管理します。複数のプロジェクトが混在する場合は、ライブラリにそれらのプロジェクト名を付けて管理するとよいでしょう。

ライブラリに登録した要素を適用する

ライブラリパネルに登録された要素を、現在開いているドキュメントに取り込むには、ライブラリパネルからオブジェクトをドラッグ&ドロップする操作で行えます。カラーや文字・段落の書籍の設定を利用したい場合は、ドキュメント内のオブジェクトを選択し、ライブラリパネルに登録された目的のスタイルをクリックする操作でスタイルを適用できます。

ライブラリはほかのユーザーと共有することもできます。グループで作業を進める場合に重宝します。

Illustratorで、カラー、文字スタイル、グラフィックをライブラリに追加してみよう。オブジェクトを選択し、[コンテンツを追加]ボタンをクリックし、登録したい内容をチェックする

図のように、カラー、文字スタイル、グラフィックが登録された

Illustratorでライブラリパネルに登録したコンテンツは、Photoshopでも同じ内容が表示される（アプリケーション間で同期を行うにはAdobe CCのクラウドに接続する必要がある）。グラフィックはドラッグ&ドロップの操作で配置できる。文字スタイルは、テキストレイヤーを選択して、ライブラリパネルのスタイルをクリックすれば適用される

InDesign Basic Operation

4章

InDesignの基本操作

InDesign Basic Operation

4-01 InDesignのインターフェイス

学習の
ポイント

● InDesignの作業画面の基本を覚えましょう。
● InDesignでは、コントロールパネルで多くの操作が可能です。
● フレームや文字を選択したときのコントロールパネルの表示内容を見てみましょう。

● InDesignの作業画面

InDesignのインターフェイスは、ドキュメントの左側にツールパネル、上部にアプリケーションバーとコントロールパネル、右側にドックがあります。ウィンドウの下部には、画面表示のページを切り替えるボタンや、プリフライト機能によるメッセージが表示されます。

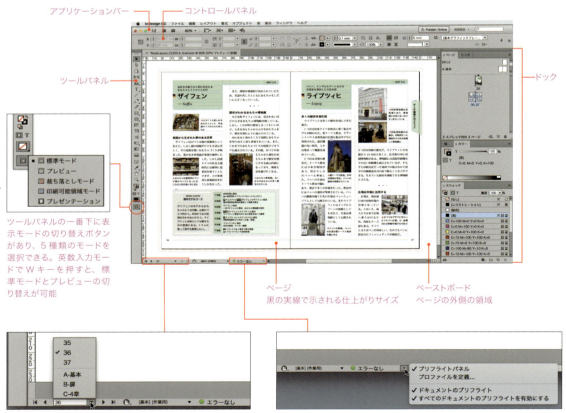

アプリケーションバー / コントロールパネル

ツールパネル

ツールパネルの一番下に表示モードの切り替えボタンがあり、5種類のモードを選択できる。英数入力モードでWキーを押すと、標準モードとプレビューの切り替えが可能

ドック

ページ
黒の実線で示される仕上がりサイズ

ペーストボード
ページの外側の領域

ウィンドウ下部の下向きの三角ボタン「▼」をクリックすると、作成したページが現れ、表示したいページを選択できる。左右の三角ボタン「▶」「◀」をクリックすると、前／後のページに移動できる

プリフライトは、作業中のドキュメントに問題がある場合にエラーメッセージが表示される機能。下向きの三角ボタン「▼」をクリックすると、プリフライトパネルを表示したり、プロファイルを定義することができる

● フレームを選択したときのコントロールパネルの表示

InDesignは、多くの操作はコントロールパネルで行えます。グラフィックフレームを選択した場合、コントロールパネルは以下のように表示され、フレームの座標値やサイズなどが指定できます。

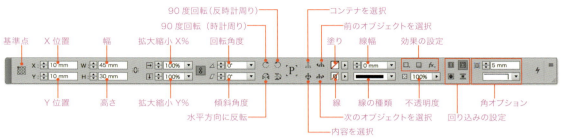

InDesign で画像を配置すると、画像はグラフィックフレームの中に読み込まれる。選択ツールでフレームを選択すると、コントロールパネルではフレームを操作するコマンドやボタンが表示される

● 文字を選択したときのコントロールパネルの表示

InDesignでは、文字はフレームの中に入力します。文字ツールでテキストを選択すると、コントロールパネルでは「文字形式コントロール」と「段落形式コントロール」を切り替えて、文字の設定を行えます。

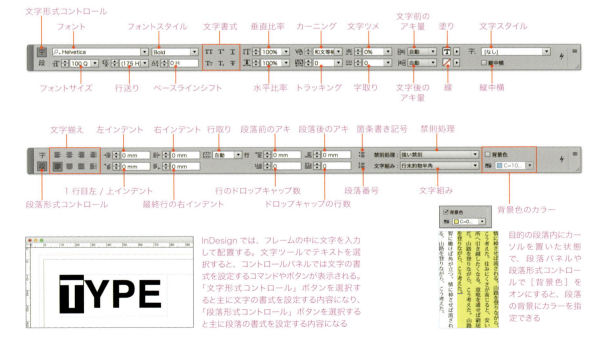

InDesign では、フレームの中に文字を入力して配置する。文字ツールでテキストを選択すると、コントロールパネルでは文字の書式を設定するコマンドやボタンが表示される。「文字形式コントロール」ボタンを選択すると主に文字の書式を設定する内容になり、「段落形式コントロール」ボタンを選択すると主に段落の書式を設定する内容になる

目的の段落内にカーソルを置いた状態で、段落パネルや段落形式コントロールで［背景色］をオンにすると、段落の背景にカラーを指定できる

InDesign Basic Operation

4-02　新規ドキュメントを作成する

学習の
ポイント

● 「新規ドキュメント」ダイアログでは、ページ数、ページサイズなどを指定します。
● 「レイアウトグリッド」で新規ドキュメントを作ってみましょう。
● 「マージン・段組」で新規ドキュメントを作ってみましょう。

●「新規ドキュメント」ダイアログの設定

　InDesignで最初に行う作業は、新規ドキュメントを作成することです。まず、ファイルメニューから［新規］→［ドキュメント］を選び、ページサイズやページ数、綴じ方などの仕様を定めます。

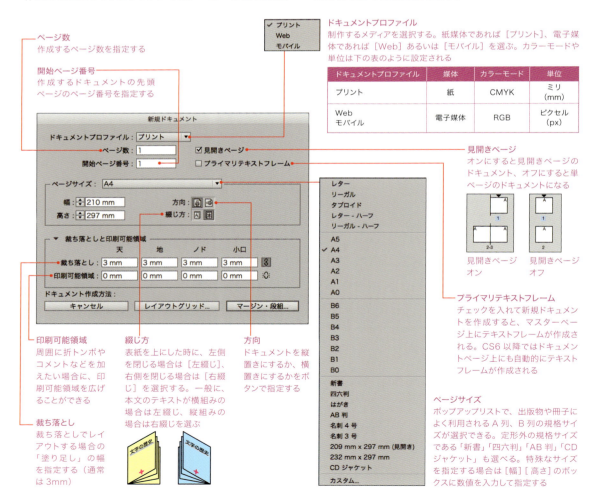

● **「レイアウトグリッド」と「マージン・段組」**

InDesignでは2つの方法でドキュメントを設定することができます。

「レイアウトグリッド」は、本文の書式を指定して、余白や版面を自動計算します。テキストが主体のページレイアウトに向いています。

「マージン・段組」では、任意の値でマージンを設定できます。欧文が主体の横組みの本やフリーレイアウトのページレイアウトに向いています。

レイアウトグリッド

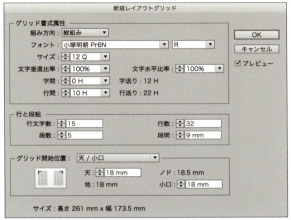

[新規ドキュメント］ダイアログの［ドキュメント作成方法］で［レイアウトグリッド］を選ぶと、上記のダイアログが表示される。［グリッド書式属性］フィールドで本文テキストの［組み方向］［フォント］［サイズ］［字間］［行間］などの値を指定し、［行と段組］フィールドで［行文字数］［行数］［段数］［段間］を指定すると、本文を流し込むグリッドが表示され、版面（本文スペース）が自動的に決まる。
版面以外のスペースを使って余白を指定する。［グリッド開始位置］で設定基準を選び、値を入力する。上図では［天／小口］を選んでいるが、［天］の値を入力すると自動的に［地］の値が決まり、［小口］の値を入力すると自動的に［ノド］の値が決まる

レイアウトグリッドでは、本文の文字サイズ、字送り、行送り、段数、段間の値を計算して版面（本文スペース）を決める。たとえば、行長は、ベタ組（字間＝0）の場合、文字サイズ×文字数で決まる。版面のサイズを決め、残りのスペースを余白に割り当てる仕組みになっている

マージン・段組

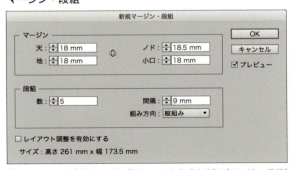

[新規ドキュメント］ダイアログの［ドキュメント作成方法］で［マージン・段組］を選ぶと、上記のダイアログが表示される。［マージン］フィールドで［天］［地］［ノド］［小口］の余白の値を指定し、［段組］フィールドで段の［数］、段の［間隔］、［組み方向］を指定すると、マージンと段組のガイドが表示される。
下に示される［サイズ］はマージン以外の版面のサイズを示している

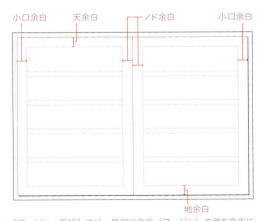

[マージン・段組］では、最初に余白（マージン）の値を自由に設定できる。余白以外のスペースが版面（本文スペース）になり、版面の中を段組で分割していく仕組みになっている

InDesign Basic Operation
4-03 ページパネル

学習の
ポイント

● ページパネルの構造と使い方を覚えましょう。
● ドキュメントを作成後に、ページの挿入／削除／移動の操作ができます。
● 奇数ページ数でページの挿入／削除／移動を行う場合は注意しましょう。

● ページパネルの仕組み

ページの画面表示を切り替えたり、ページの挿入や削除を行うには、ページパネルを利用します。頻繁に利用するパネルなので、ドックでは通常最上部に表示されます。個々のページアイコンをダブルクリックすると目的のページが画面表示されます。また、パネル下を掴んでドラッグするとパネルを伸縮できます。

ページパネルの構造

［新規ドキュメント］ダイアログで、8 ページの CD ジャケットサイズのブックレットを下図のような設定で作成する。ページパネルでは、作成した 8 ページ分のサムネールが示される。1 ページ目が前表紙、8 ページ目が後表紙になる。ページパネルは上下に分かれており、上の小さなページアイコンがマスターページ、下の大きなページアイコンがドキュメントページを表している。パネル右上にはメニューボタン、パネル下にはページを挿入したり削除するボタンがある

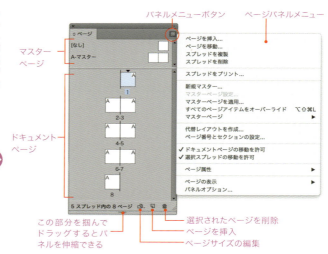

ページ表示の切替

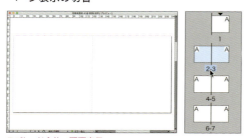

スプレッド全体で画面表示
ページパネルでページアイコン下の数字（「2-3」のように表記されている部分）をダブルクリックすると、選んだページのスプレッド全体が画面表示される

ページ全体で画面表示
ページパネルでページアイコン部分をダブルクリックすると、選んだページの片側ページ全体が画面表示される

● ページの挿入／削除／移動

ページパネルでは、ページの挿入／削除／移動が行えます。ページの途中に1ページや3ページなどの奇数ページを挿入あるいは削除すると、見開きページの左右が入れ替わる場合があります。意図しない結果になった場合は、[ドキュメントページの移動を許可]のオン／オフを確認してください。

ページの挿入

ページを挿入するときは、ページパネルメニューの[ドキュメントページの移動を許可]のオン／オフを確認する（デフォルトではオンの状態になっている）。注：図では左右ページに異なる色を付けてわかりやすくしている

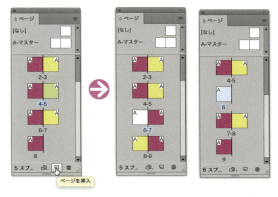

5ページ目のページアイコンをクリックして選択し、パネル下の[ページを挿入]ボタンをクリックする。[ドキュメントページの移動を許可]がオンの場合は挿入した後のページの左右が変わるが、オフの場合はページの左右は変わらない

複数のページ数を挿入したい場合は、パネルメニューから[ページを挿入]を選ぶ。あるいは option キーを押しながら[ページを挿入]ボタンをクリックする

[ページを挿入]のダイアログが現れる。挿入したいページ数や挿入したい場所をドロップダウンリストで指定する。適用するマスターを指定することもできる

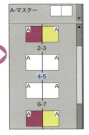

左図の設定で[OK]ボタンをクリックする。3ページの後に新規に4ページが挿入された

ページの削除

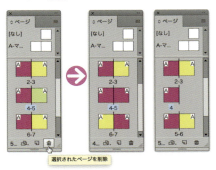

ページを削除するには、ページパネルで削除したいページを選択し、パネル下の[選択されたページを削除]をクリックする。この場合も、[ドキュメントページの移動を許可]のオン／オフにより結果が変わる

ページの移動

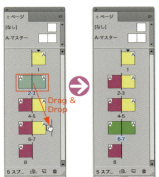

ページの移動は、ページパネルでページアイコンを選択してドラッグする操作や、パネルメニューから[ページを移動]を選んで行う。左図は2-3ページのスプレッドを選択し、ドラッグ操作でページの移動を行った

InDesign Basic Operation
4-04 ページ番号の管理

学習のポイント
- ページ管理は「ページ番号とセクションの設定」ダイアログで行います。
- ドキュメントの任意のページからページ番号を開始させることができます。
- ページ番号を表示するマーカーをマスターページに配置してみましょう。

● ページ番号の割り当て

ドキュメントの先頭（あるいは途中）からページ番号を割り当てることができます。ページパネルでページ番号を割り当てる先頭ページを選択し、パネルメニューから［ページ番号とセクションの設定］を選び、［ページ番号割り当てを開始］をオンにし、ボックスに開始ページ番号を入力します。

ページ番号を割り当てる

ページパネルで、割り当てを開始したいページアイコンをクリックして選択し、パネルメニューから［ページ番号とセクションの設定］を選択する。
「セクション」とは、ドキュメント内の特定のページ範囲（章や節など）でまとめたグループのことをいう

［ページ番号とセクションの設定］ダイアログで、［開始セクション］フィールドで［ページ番号割り当てを開始］をオンにし、ボックスに開始ページ番号を入力する

入力した開始ページ番号が奇数か偶数かでページ位置の左右が変わる。上図の左綴じのドキュメントでは、奇数ページが右側、偶数ページが左側になる

ページの途中から、ページ番号の割り当てを設定することができる。開始のページ番号は、前のページから連続していなくてもかまわない。ページパネルでは、セクションの開始ページのページアイコンの上に「▼」のマークが表示される

スタイルオプション

ページ番号のスタイルのドロップダウンメニューでは、ページ番号のスタイルとして、アラビア数字、漢数字、アルファベット、ローマ数字を指定することができる。アラビア数字では「016」のように桁数を揃えることができる。自動ページ番号の入力方法は右ページを参照

● **ドキュメントにページ番号を表示する**

マスターページに配置したアイテムは、そのマスターが適用されたドキュメントページのすべてに現れます。マスターページに［現在のページ番号］のマーカーを入力したテキストフレームを配置すると、ドキュメントページには、［ページ番号とセクションの設定］で指定したページ番号が表示されます。

CDジャケットサイズで8ページの冊子を作る。［新規ドキュメント］で基本的な仕様を設定し、［新規マージン・段組］ダイアログではマージンをすべて10mmに設定した

できあがった新規ドキュメント。ページパネルで「A-マスター」の名前をダブルクリックして、マスターページを画面表示する

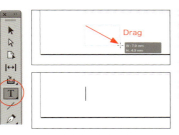

左ページの左下の部分を拡大表示する。横組み文字ツールでドラッグして小さなテキストフレームを作成する。カーソルが点滅し、文字が入力できる状態になる

ページ番号を表示する記号を入力する。書式メニューから［特殊文字の挿入］→［マーカー］→［現在のページ番号］を選ぶ（ショートカットは⌘＋option＋shift＋Nキー）

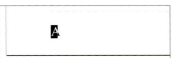

「A」というマーカーが表示される。このマーカーを選択し、コントロールパネルでフォントや文字サイズを設定する。段落形式コントロールに切り替え、［小口揃え］を選ぶ

選択ツールでテキストフレームを選択してコピーし、右ページの右下にオブジェクトをペーストし、左右対称の位置に配置する（XYの座標値で正確に配置するとよい）。［小口揃え］を選んでいるので、右ページでは自動的に右揃えになる

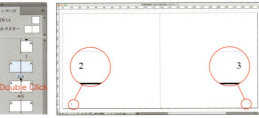

ページパネルで、ドキュメントページのページアイコンをダブルクリックし、画面表示を切り替える。ドキュメントページでは、それぞれのページ番号が割り振られていることを確認しよう

マスターページに配置したアイテムは、ドキュメントページでは選択できない。ドキュメントページでマスターページのアイテムを選択するには、⌘＋shiftキーを押しながらクリックする。マスターページのアイテムが選択できたら、移動や削除などの操作が行える。左図では、1ページ目は表紙であるためページ番号は不要なので、マスターアイテムを削除した

InDesign Basic Operation

4-05　マスターページの活用

学習のポイント
- マスターページアイテムは、オーバーライドしてアクティブにすることができます。
- 新規にマスターページを作成したり、複製を作ることができます。
- ドキュメントページにマスターページを適用する方法を覚えましょう。

● マスターページアイテムとオーバーライド

前節では、マスターページにページ番号を配置しました。マスターページに配置したアイテムは、そのマスターが適用されたすべてのページに表示されます。

ここではさらに「柱（はしら）」を作成し、マスターページアイテムをオーバーライドさせてアクティブ（選択した状態）にし、編集する工程を見ていきましょう。

前のページで作成した8ページのブックレットのドキュメントを開く。ページパネルを確認すると、1ページと8ページはマスターは［なし］でマスターが適用されていないことを表している。2〜7ページは「A」の文字が表示され、「A-マスター」が適用されていることを表している。「A-マスター」の文字をダブルクリックし、画面表示をマスターページに切り替える

左ページに柱を作成する。楕円形ツールを選びshiftキーを押しながらドラッグして円を描き、塗りをピンク（M:50%）にして裁ち落としで配置する

さらに横組み文字ツールを選び、ドラッグしてテキストフレームを作成し、「Profile」と入力して、フォントやフォントサイズを指定して、円の上に重ねて配置する

ドキュメントページに切り替えると、2、4、6ページの左上にマスターのアイテムが表示されていることが確認できる

4ページを表示してオーバーライドしてみよう。⌘＋shiftキーを押しながら「Profile」のテキストフレームの上でクリックする。テキストフレームがアクティブになるので、テキストを「History」と入力し直した

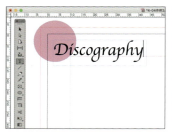

6ページを表示して、同様に、⌘＋shiftキーを押しながら「Profile」のテキストフレームの上でクリックする。テキストフレームがアクティブになるので、テキストを「Discography」と入力し直した。このように、マスターページはページの決まった場所に同じ要素を配置する際に便利で、ドキュメントページで編集も可能である

MEMO

マスターページのアイテムをオーバーライドさせたくない場合は、マスターページでそのアイテムを選択し、ページパネルメニューから［マスターページ］→［選択範囲のマスターページアイテムのオーバーライドを許可］を選び、チェックをはずしておくとよいでしょう。

● 新規マスターページの作成

マスターページを新規で作成します。マスターページは名前を付けることができます。プレフィックスで指定したテキストはページパネルのページアイコンに表示されるもので、どのマスターが適用されているのかがひと目でわかります。基準マスターを指定すると、既存のマスターを元に新規マスターが作成されます。

プレフィックス：ページパネルで各ページに適用されているマスターを識別するためのテキストを入力する。4文字まで指定できる
名前：マスタースプレッドの名前を入力する
基準マスター：作成するマスターの基準とする既存のマスタースプレッドを選択する。基準マスターを必要としない場合は［なし］を選択する
ページ数：通常は「2」。10ページまでのスプレッドを指定できる
ページサイズ：異なるサイズでマスターを作成する場合に利用する

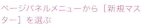

ページパネルメニューから［新規マスター］を選ぶ

［新規マスター］ダイアログが表示されるので、名前を入力し、基準マスターの有無を指定する

［OK］をクリックすると新規マスターが作成される。ページパネルには新しいマスターページの名前とアイコンが追加される

MEMO
既存のマスターを複製してマスターページを作ることもできます。複製したいマスターページを選択し、パネルメニューから［マスタースプレッド"マスター名"の複製］を選択します。

● マスターページの適用

新規でページを挿入する際には、適用するマスターを選択できます。また、既存のページのマスターを別のマスターに変更することもできます。適用の方法は、ページパネルメニューから［マスターページを適用］を選ぶ方法と、ページパネルでマスターページのアイコンをドラッグして重ねる方法とがあります。

ページ挿入時マスターを適用

ページパネルメニューから［ページを挿入］を選ぶ。ダイアログで、［マスター］のドロップダウンリストから適用したいマスターの名前を選択する

既存のページにマスターを適用

ページパネルでマスターを変更したいページアイコンを選択し、パネルメニューから［マスターページを適用］を選ぶ。ダイアログで適用したいマスターの名前を選択する

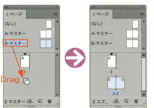

ページパネルで適用したいマスターページの名前をクリックしてつかみ、そのままドキュメントページの領域にドラッグ＆ドロップする。この操作で、マスターページを指定して見開きページを新規に作成できる

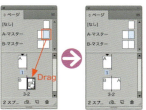

ページパネルで適用したいマスターページのページアイコン（左右ページのどちらかのアイコン）をクリックしてつかみ、そのままドキュメントページの既存ページのアイコン上に重ねる

InDesign Basic Operation
4-06 座標・単位の設定／ガイドの作成

- 環境設定で定規やテキスト・線の単位、キーボード増減値を設定しましょう。
- 手動でドキュメント内にガイドを作成することができます。
- 「ガイドを作成」機能を使うと、誌面を均等に分割するガイドを作成することができます。

● 定規の設定や使用する単位を決める

　InDesignを利用する際の環境設定を定めておきましょう。InDesignメニューで［環境設定］→［単位と増減値］を選び、定規の設定や文字サイズ、組版、線の単位を設定します。本書では、［定規の開始位置：ページ］、［組版：歯］、［テキストサイズ：級］、［線：ミリメートル］に設定したもので記述しています。

定規の開始位置

定規の開始位置は［スプレッド］［ページ］［ノド元］の3種類を切り替えることができる。定規の原点やX座標の表示が異なるので、作業しやすいものを選択する（下図参照）。定規の単位は［ポイント］［ミリメートル］の切り替えが可能

定規の上をcontrolキーを押しながらクリック（右クリック）するとコンテクストメニューが現れ、定規の表示方法の切り替えが可能

開始位置：スプレッド
スプレッドの左ページの左上コーナーが原点。X座標はスプレッドにまたがって表示

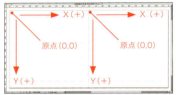

開始位置：ページ
左右ページ各々の左上コーナーが原点。ページ単位で座標が表示される

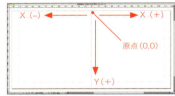

開始位置：ノド元
ノドの上が原点。X座標は、右ページは＋（プラス）、左ページは－（マイナス）の値になる

テキスト・線の設定

［テキストサイズ］は［級］［ポイント］などの切り替えが可能。［組版］は行間、行送り、字間、字送り、ベースラインシフトなどで表示される単位。［線］は［ミリメートル］［ポイント］の切り替えが可能

増減値の設定

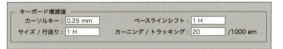

カーソルキーなど、キーボードで操作するときの増減値を設定する。カーソルキーは、オブジェクトを移動する際に利用するので、覚えやすい値にするとよい。たとえば［カーソルキー：1mm］に設定すると1回押した場合に1mm移動するので、5mm移動したいときは5回押せばよい。shiftキーを押しながらカーソルキーを押すと10倍の距離で移動する（1mmで設定した場合は10mm移動する）。その他、［サイズ／行送り］や［カーニング／トラッキング］のキーボード増減値も指定できる

● 手動でガイドを作成する

InDesignでは、ガイドにオブジェクトを近づけた時に吸着するように設定できます。手動でガイドを作成するには、定規からドラッグを始め、目的の位置でマウスボタンを放して設定します。shiftキーを押しながらドラッグするとXYの座標値が定規の目盛りの値に固定されるので、設定しやすくなります。

デフォルトでは、ガイドにオブジェクトがスナップするようになっている。オン／オフの切り替えは、表示メニュー→［グリッドとガイド］→［ガイドにスナップ］を選んで行う

水平の定規からドラッグすると、水平のガイドが現れる。ページ内でマウスボタンを放すと、左右ページのどちらかにガイドが作成される

ドラッグ後、ペーストボード上でマウスボタンを放すと、見開きページと外側のペーストボードにまたがったガイドが作成される

垂直の定規からドラッグすると、垂直のガイドが現れる。ページ内でマウスボタンを放すと、放したページに定規が作成される

● 誌面を均等に分割するガイドを作成する

複数のガイドをまとめて作成することもできます。レイアウトメニューから［ガイドを作成］を選び、行数、列数、間隔を指定して［OK］をクリックします。

この機能を使うと、格子状のガイドを作成することができるので、紙面を均等に分割したガイドを作成したい場合に便利です。

グリッドシステムのガイドを作ることもできる。レイアウトメニューから［ガイドを作成］を選択する

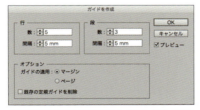

［ガイドを作成］ダイアログで、［行］［列］の数、［間隔］の値を指定する。オプションの［ガイドの適用］で［マージン］を選ぶと、マージンの内側が対象になる。［ページ］を選ぶと、マージンを含めたページ全体が対象になる

［行：5］［列：3］［間隔：5mm］でガイドを作成した。各ページが 5 × 3 = 15 のユニットで分割されたガイドができあがる

> **MEMO**
> 紙面を細かい格子で分割したガイドでレイアウトを行う手法を「グリッドシステム」と呼ぶ場合があります。グリッドシステムでは、細かい格子が作るユニットをベースに、配置するテキストや画像の大きさを決めてレイアウトします。

InDesign Basic Operation

4-07 オブジェクトの作成

- オブジェクトを作成・編集するツールを見てみましょう。
- 「角オプション」を使うと、四角形の四隅を装飾することができます。
- パスファインダーパネルは、図形やパスを編集する機能が搭載されています。

● **オブジェクトを作成・編集するツール**

InDesignでは、図形を描画するためのツールがひと通り揃っています。Illustratorほどの種類はないので、複雑な図形や加工を行うのであれば、Illustratorで作成してInDesignにコピーや配置などして取り込むのがよいでしょう。以下では、描画・編集ツール、線パネルを見ていきましょう。

描画・編集ツール

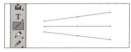

線ツール
直線を描くツール。shiftキーを押しながら描画すると水平・垂直・45度の角度に固定できる

鉛筆ツール／スムーズツール／消しゴムツール
フリーハンドで描画が可能。スムーズツールで滑らかにしたり、消しゴムツールで線を消去できる

はさみツール
パス上でクリックして、パスを切断できる

ペンツール／アンカーポイントを追加ツール／アンカーポイントの削除ツール／アンカーポイントの切り替えツール
Illustratorに搭載されているペンツールとほぼ同様の操作が可能

長方形ツール／楕円形ツール／多角形ツール
幾何学図形を作成するツール。画面上でクリックすると数値指定のダイアログを表示して描画が可能

自由変形ツール／回転ツール／拡大・縮小ツール／シアーツール
拡大縮小や回転、シアー変形の操作が可能。Illustratorに搭載されているものとほぼ同様の操作が可能

線パネル

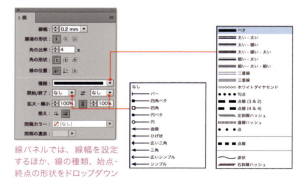

線パネルでは、線幅を設定するほか、線の種類、始点・終点の形状をドロップダウンリストで選択できる

線端の形状や角の形状は6つのボタンをクリックして切り替えることができる。左から、[先太／マイター結合］［丸型線端／ラウンド結合］［突出線端／ベベル結合］

線の位置は3つのボタンをクリックして切り替えることができる。左から、[線の中央に合わせる］［線の内側に合わせる］［線の外側に合わせる］

162

● 角オプション

　四角形のコーナーを丸くしたり、斜角にしたりして飾りを付けることができます。四角形を作成し、オブジェクトメニューから[角オプション]を選択し、ダイアログを表示させます。四隅の形状を選び、半径の値を入力して[OK]ボタンをクリックします。四隅を異なる形状にしたり、後で形状を変更することも可能です。

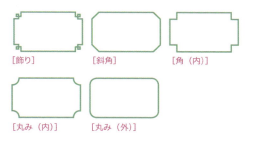

四角形を作成し、オブジェクトメニューから[角オプション]を選択する

[角オプション]ダイアログでは、四隅の角の形状をポップアップメニューで選択する（右図参照）。半径の値は数値で指定する。四隅に異なる形状や数値を指定することも可能

黄色の四角形をクリックすると、フレームに表示される黄色の四角形をドラッグすることで、長方形のフレームに角の効果を適用できる

● パスファインダーパネル

　ボタン操作で、パスの連結や連結解除、複合パスの作成、シェイプの変換、ポイントの変換が行えます。

[パス]セクション

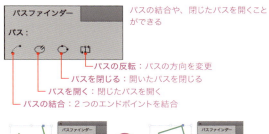

閉じていないパスを選択

[パスの結合]を実行

[パスファインダー]セクション

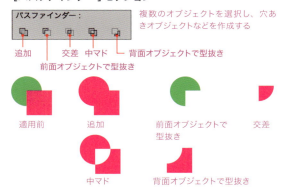

[シェイプを変換]セクション

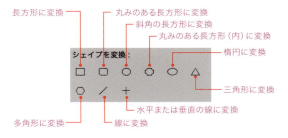

[ポイントを変換]セクション

ポイントの属性をコーナーあるいはスムーズに変換

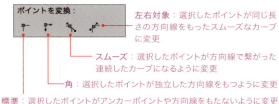

InDesign Basic Operation

4-08　カラーの登録と適用

学習のポイント
- スウォッチパネルにプロセスカラーや特色を登録してみましょう。
- 新規にグラデーションスウォッチを登録してみましょう。
- スウォッチパネルの［黒］のオーバープリント属性を知っておきましょう。

● 新規カラースウォッチの登録

　Illustratorではカラーパネルで色を作る機会が多いのですが、InDesignではスウォッチパネルで色を作成するようにしましょう。スウォッチパネルに登録した色は、後で色変換が一括で行えるメリットがあります。

プロセスカラーの登録

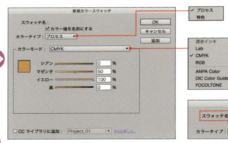

スウォッチパネルメニューから［新規カラースウォッチ］を選ぶ

［新規カラースウォッチ］ダイアログが表示される。［カラータイプ］や［カラーモード］を設定し、色を登録する。［カラー値を名前にする］をオンにすると、カラー値（プロセスカラーの掛け合わせなど）がスウォッチ名になる

スウォッチ名を「オレンジ」と入力し、［OK］ボタンをクリックする。スウォッチパネルに新規カラースウォッチが追加された

カラーパネルで作成した色をスウォッチパネルに登録するには、パネルメニューから［スウォッチに追加］を選ぶ。あるいはスウォッチパネル下の［新規スウォッチ］ボタンを押す

特色の登録

［新規カラースウォッチ］ダイアログを表示する。［カラータイプ］で［特色］を指定し、［カラーモード］で［DIC Color Guide］を選んだ

DICのカラーシステムでは上図のような色見本と色番号が表示される。「DIC 160」を選び、［OK］をクリックする

スウォッチパネルに特色「DIC 160」が登録された。登録された特色は文字やオブジェクトに適用できる

164

● 新規グラデーションスウォッチの登録

グラデーションの作成も、スウォッチパネルで行えます。スウォッチパネルで作成したグラデーションは名前を付けて登録できるので、いつでも利用できます。

ツールパネルでグラデーションスウォッチツールを選び、オブジェクト上をドラッグすると、塗りを再定義できます。

グラデーションスウォッチから［新規グラデーションスウォッチ］を選ぶ

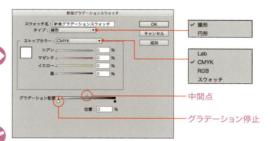

［新規グラデーションスウォッチ］ダイアログが表示される。タイプは［線形］と［円形］が選べる。グラデーション停止をクリックして、それぞれの色を設定する。［ストップカラー］の設定は［Lab］［CMYK］［RGB］［スウォッチ］が選べる

中間点
グラデーション停止

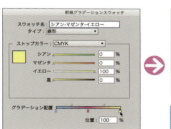

［グラデーション停止］を増やすには、増やしたい場所でクリックする。上図のように3つの［グラデーション停止］を作成し、スウォッチ名を入力して［OK］ボタンをクリック

グラデーションはオブジェクトの塗りと線、文字の塗りと線にそれぞれ設定できる

オブジェクトの塗りに適用

オブジェクトの線に適用

文字の塗りに適用

文字の線に適用

MEMO

グラデーションパネルを使ってグラデーションを作成することもできます。スウォッチパネルに登録するには、スウォッチパネル下の［新規スウォッチ］ボタンを押します。

● スウォッチパネルの［黒］のオーバープリント属性

スウォッチパネルにデフォルトで入っている［黒］は、テキストカラーなどに適用するため頻繁に利用します。この［黒］は100％で適用するとオーバープリント（「ノセ」とも言う）になります。黒：100％のオーバープリント設定は、印刷物をきれいに仕上げるために必要ですので、仕組みを知っておきましょう。

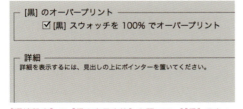

［環境設定］の［黒の表示方法］を開いて、［［黒］スウォッチを100％でオーバープリント］にチェックが入っていることを確認する

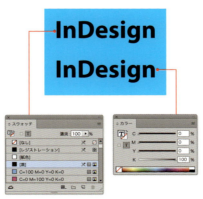

比較のためシアンの背景の上にテキストを重ね、［黒］スウォッチを100％で適用したもの（上）と、カラーパネルで「K：100％」を適用したもの（下）を配置した。上では文字がオーバープリント（ノセ）になるが、下では文字がノックアウト（抜き）になる

InDesign Basic Operation

4-09 プレーンテキストフレームとフレームグリッド

- プレーンテキストフレームでテキストを入力し、フレームの設定を変更してみましょう。
- フレームグリッドでテキストを入力し、フレームグリッドの設定を変更してみましょう。
- テキストフレームを連結する方法を覚えましょう。

● プレーンテキストフレーム

プレーンテキストフレームは、横組み文字ツールあるいは縦組み文字ツールを選び、画面上でドラッグして作成します。プレーンテキストフレームは[テキストフレーム設定]ダイアログで、段組やマージン、テキストの配置を設定できます。CS6以降では[自動サイズ調整]タブが追加され、文字があふれるとフレームが自動的に広がるように設定できます。

TOOLS解説

横組み文字ツール
縦組み文字ツール

プレーンテキストフレームを作成してテキストを作成します。

プレーンテキストフレームの作成

横組み文字ツールでドラッグしてプレーンテキストフレームを作成する

作例したフレームに文字を入力し、コントロールパネルや文字パネルで書式を設定する

縦組み文字ツールでドラッグすると、縦組のプレーンテキストフレームができる

書式メニューから[組み方向]→[縦組み]あるいは[横組み]を選んで組み方向を後から変更することもできる

プレーンテキストフレーム設定

テキストフレームを選択し、オブジェクトメニューから[テキストフレーム設定]を選ぶ。現れるダイアログでさまざまな設定が行える

[段組]フィールドでは、テキストフレームを段組に設定することができる。[段数]と[間隔]の値をそれぞれ指定する

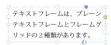

[フレーム内マージン]フィールドでは、フレームの周囲にマージンを設定することができる。上下左右の入力ボックスにマージンの値を指定する

 上揃え　 中央　　下　　　均等配置

[テキストの配置]フィールドでは、テキストフレーム内の文字位置（横組みの場合は上下方向、縦組の場合は左右方向）を指定できる。この操作はコントロールパネルのボタンでも可能

166

● フレームグリッド

フレームグリッドは、横組みあるいは縦組みグリッドツールを選び、画面上でドラッグして作成します。フレームグリッドはフレーム自体にフォントや文字サイズ、行送りなど書式の属性を持ち、文字が流し込まれるグリッドが正方形の升目で表示されます。文字サイズに応じてフレームのサイズが固定されるので、日本語のテキストをきれいに組むことができます。

TOOLS解説

 横組みグリッドツール

 縦組みグリッドツール

フレームグリッドを作成してテキストを作成します。

フレームグリッドの作成

 →  →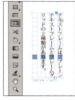

横組みグリッドツールでドラッグしてフレームグリッドを作成する

フレームグリッドには書式が設定されているため、書式に沿ったグリッドが表示される

文字入力を行うと、グリッドの升目の中に文字が収まる

縦組みグリッドツールでドラッグすると、縦組のフレームグリッドができる

フレームグリッド設定

 →

フレームグリッドの書式の設定は［フレームグリッド設定］ダイアログで行う。フレームグリッドを選択し、横組み／縦組みグリッドツールのツールアイコンをダブルクリックする。あるいはオブジェクトメニューから［フレームグリッド設定］を選ぶ

［フレームグリッド設定］ダイアログの［グリッド書式属性］フィールドで、フォント、サイズ、字間（字送り）、行間（行送り）などの書式を設定する。［表示オプション］はフレームグレッドの下に、1行の文字数、行数、総文字数の情報を表示するもの。［行と段組］で段数を設定すると、フレームグリッドを分割した段組の設定も行える

文字数は「14W × 4L = 56(41)」のように表示される。これは 14 字× 4 行= 56 文字の文字が入力可能で、括弧内の数字は実際に入力された文字数を示している

● テキストフレームの連結

テキストフレームは、インポート、アウトポートと呼ばれる正方形をクリックして、連結することができます。文字があふれるとアウトポートが赤く表示され、このような状態をオーバーセットテキストと呼びます。

アウトポートが赤く表示されオーバーセットテキストであることを示している

アウトポートをクリックすると、テキストを読み込んだカーソルの形に変わる

 →  →

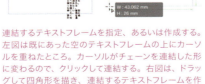

連結するテキストフレームを指定、あるいは作成する。左図は既にあった空のテキストフレームの上にカーソルを重ねたところ。カーソルがチェーンを連結した形に変わるので、クリックして連結する。右図は、ドラッグして四角形を描き、連結するテキストフレームを作成しているところ

テキストが連結して流し込まれる

連結を解除するには、インポート、あるいはアウトポート部分をダブルクリックする。または、1回クリックして、連結を解除するテキストフレームの上で再度クリックする操作を行う

InDesign Basic Operation
4-10 日本語組版ルールの設定

学習の
ポイント

- 日本語組版の基本的なルールは「禁則処理」と「文字組み」で設定を行います。
- 「禁則処理」はプリセットで「強い禁則」「弱い禁則」の2種類が用意されています。
- 文字組みは、「文字組みアキ量設定」ダイアログで細かな設定が可能です。

● 禁則処理

禁則処理とは、日本語の文書作成・組版において、括弧や句読点などの約物が行頭・行末などにあってはならないなどとされる禁止事項、または、それらを回避するために字詰めや文の長さを調整したりすることです。

InDesignでは、[強い禁則]と[弱い禁則]の2種類の設定が選べるようになっています。[強い禁則]では、拗促音（「ゃ」「っ」など）や音引（「ー」）などが禁則の対象になります。

どの文字種が禁則処理の対象になっているかを調べるには、段落パネルの[禁則処理]ドロップダウンリストで[設定]を選び、[禁則処理セット]ダイアログを表示させます。[禁則処理セット]のドロップダウンリストで[強い禁則]と[弱い禁則]に切り替えると、それぞれに定義された「行頭禁則文字」「行末禁則文字」「ぶら下がり文字」「分離禁止文字」の文字種を確認することができます。

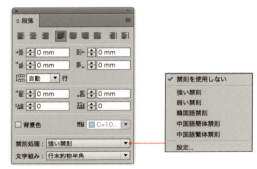

ポップアップメニューで［強い禁則］［弱い禁則］のどちらかを選択する。［設定］を選ぶと［禁則処理セット］ダイアログが現れ、カスタマイズが可能

[禁則を使用しない]　　[強い禁則]　　[弱い禁則]

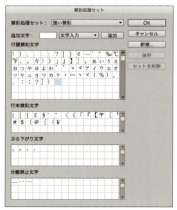
[強い禁則]で設定されている禁則文字

[弱い禁則]で設定されている禁則文字

● **文字組み**

文字組みに重要な役割を果たすのが［文字組みアキ量設定］です。［文字組みアキ量設定］は、文字と文字が並んだ際の間隔（アキ量）を指定したものです。たとえば、括弧類や句読点などの約物を行頭や行末でどのように表すか、あるいは約物が連続する場合はどうするか、といったルールが細かく設定されています。

InDesignには、あらかじめ搭載されている14種類の［文字組み］のセットから好みのものを選ぶことができます（右図参照）。

段落パネル下の［文字組み］のドロップダウンリストから、あらかじめ用意された14種類の［文字組みアキ量設定］が選択できる。この14種類は、句読点や括弧類などの約物の扱い方と、字下げのルールの組み合わせで構成されている。14種類の組み見本は212ページを参照

約物半角／全角

句読点や括弧などの役物は、半角でデザインされている。これらの約物が行頭や行末に来る場合や、連続して表記する場合に、アキ量をどのようにするかがポイントになる

行末約物半角
などの要素を配置し、「組み付け」とも言う。

約物全角
などの要素を配置し、「組み付け」とも言う。

上は、［文字組み］設定で［行末約物半角］と［約物全角］で文字組みしたもの。行末の句読点の位置が変わるのがわかる

段落1字下げ

段落1字下げの処理には、以下の3種類がある

段落1字下げ（起こし全角）
「組版」は紙面を構成
見た目に全角半の空きスペースができる

段落1字下げ
「組版」は紙面を構成
見た目に全角の空きスペースができる

段落1字下げ（起こし食い込み）
「組版」は紙面を構成
見た目に半角の空きスペースができる

文字組みアキ量設定／基本設定

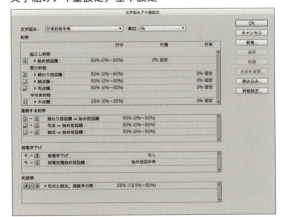

［文字組み］のドロップダウンリストで［基本設定］を選ぶと表示される［文字組みアキ量設定］の［基本設定］ダイアログ。単位には［％］［分］［文字幅／分］のいずれかを使用できる

文字組みアキ量設定／詳細設定

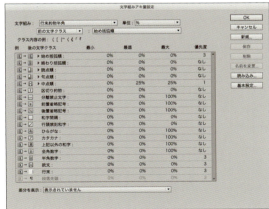

［文字組みアキ量設定］の［詳細設定］ダイアログ。InDesignでは文字をいくつかのグループに分け、それらのグループが並んだ際のアキ量を設定する（このグループを［文字クラス］と呼ぶ）。各文字クラスが並んだ際のアキ量に関して、［最小］［最適］［最大］［優先度］の各項目を指定する

InDesign Basic Operation

4-11 文字の代表的な組み方

学習のポイント
- 文字をベタ組、詰め組、空け組、プロポーショナル組で組んでみましょう。
- カーニングやトラッキングは、ショートカットキーで調整することができます。
- 文字の前後に、二分、四分、全角などのアキを挿入することができます。

● ベタ組・詰め組・空け組・プロポーショナル組

組版の代表的な組み方と名称を覚えましょう。右の作例は横組みグリッドツールで文字を組み、[フレームグリッド設定]で[字間]を変更したものです。字間を「0」にしたものがベタ組み、字間に「1H」「2H」のようにプラスの値を設定したものが空け組、字間に「-1H」「-2H」のようにマイナスの値を設定したものが詰め組です。プロポーショナル詰めは、文字幅に応じて詰め量を設定するもので、文字パネルの[カーニング]で[オプティカル][メトリクス]を設定することで設定できます（下図参照）。

文字の組み方と名称

ベタ組	愛のあるユニークな書体
空け組	愛のあるユニークな書体
詰め組	愛のあるユニークな書体
プロポーショナル組	愛のあるユニークな書体

日本語書体は正方形の仮想ボディの中にデザインされている。上の作例で、フレームグリッドで文字の仮想ボディを表示させたものが右図。仮想ボディの間隔を空けたり詰めたりして文字が組まれているのがわかる

オプティカル／メトリクスのプロポーショナル組

テキストを選択し、文字パネルのカーニングのポップアップメニューで[オプティカル]あるいは[メトリクス]を選ぶと、プロポーショナル組が自動で設定できる

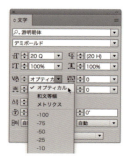

オプティカル	愛のあるユニークな書体
メトリクス	愛のあるユニークな書体

オプティカルカーニングでは、文字の形状に基づいて、隣接する文字の間隔が調整される。
メトリクスカーニングでは、フォントに含まれているペアカーニングを使用して文字の間隔が調整される。ペアカーニングを持たないフォントもあるので、適用する際は注意が必要

● カーニング・トラッキング

文字同士の間隔を調整するには「カーニング」や「トラッキング」を利用します。カーニングは調整したい箇所にカーソルを置き、カーニング値を設定します。トラッキングは調整したい文字列を選択し、トラッキング値を設定します。手作業で細かく調整する場合は、キーボードショートカットで調整するのがよいでしょう。

> **MEMO**
> カーニングやトラッキングはキーボードショートカットが利用できます。横組みのテキストの場合はoptionキーを押しながら左右の矢印キーを押して間隔を調整します。左向きの矢印キーで間隔が狭まり、右向きの矢印キーで間隔が広がります。縦組みのテキストの場合はoptionキーを押しながら上下の矢印キーで操作します。

カーニング

カーニング：-100　カーニング：0　カーニング：100

［カーニング］は文字間にカーソルを置いて、空け／詰めする。プラスの値で空き、マイナスの値で詰まる

トラッキング

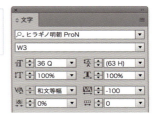

トラッキング：-100　トラッキング：0　トラッキング：100

［トラッキング］は文字列を選択して空け／詰めする。プラスの値で空き、マイナスの値で詰まる

● 文字ツメ・文字前／後のアキ量

「文字ツメ」はプロポーショナルな詰めを％（パーセンテージ）で指定できます。「文字前／後のアキ量」は「全角」「二分」「四分」などのスペースでアキを設定します。

文字ツメ

0%　愛のあるユニークな書体
20%　愛のあるユニークな書体
40%　愛のあるユニークな書体
60%　愛のあるユニークな書体
80%　愛のあるユニークな書体
100%　愛のあるユニークな書体

「文字ツメ」のポップアップメニューで詰める度合いを％で指定する。1％刻みで設定することも可能

文字前／後のアキ量

アキなし　春夏秋冬
八分　春夏秋冬
四分　春 夏 秋 冬
三分　春 夏 秋 冬
二分　春 夏 秋 冬
二分四分　春　夏　秋　冬
全角　春　夏　秋　冬

「文字前／後のアキ量」のポップアップメニューでアキ量を設定する。「三分」は全角の三分の一、「四分」は全角の四分の一、「二分四分」は全角の四分の三のアキ量のこと

InDesign Basic Operation
4-12 ルビの設定／字形パネル

学習のポイント
- ルビの種類と入力方法を覚えよう。
- テキストを入力して文字を選択すると、異体字などの候補がコンテキスト表示されます。
- 字形パネルでは、異体字や特殊な記号を探して入力することができます。

● ルビの設定

ルビの種類の代表的なものに「モノルビ」と「グループルビ」とがあります。モノルビは一つひとつの文字に対してルビを付けるやり方、グループルビは複数の文字全体の読みとしてルビを付けるやり方です。

ルビの位置は、「肩付き」や「中付き」があります。縦組みの組版ではモノルビ／肩付き、横組みの場合はモノルビ／中付きで振るのが一般的でしょう。

InDesignでルビを振るには、ルビを振る文字を選択し、文字パネルメニューから［ルビ］→［ルビの位置と間隔］を選択します。

ルビの種類

モノルビ：和歌山（わかやま）肩付き／名古屋（なごや）中付き

グループルビ：山躑躅（やまつつじ）両端揃え／紫陽花（あじさい）均等アキ

ルビの設定

ルビを振りたい文字を選択し、文字パネルのメニューから［ルビ］→［ルビの位置と間隔］を選択する

モノルビを設定するには、［種類：モノルビ］を選び、［揃え］のポップアップメニューで揃え方を選ぶ。ルビの入力ボックスでは、親文字の区切りでスペースを入力する

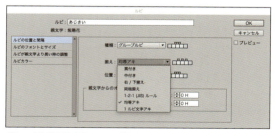

グループルビを設定するには、［種類：グループルビ］を選び、［揃え］のポップアップメニューで揃え方を選ぶ。ルビの入力ボックスでは、スペースを入力する必要はない

● **字形パネル**

日本語文字を入力した時、異体字などの候補がある場合は、その文字を選択すると、変換の候補がコンテキスト表示されます。この機能をオフにするには［環境設定］の［高度なテキスト］で［異体字、分数、上付き序数表記、合字で表示］をオフにします。また、字形パネルで候補を表示して入力することもできます。

異体字のコンテキスト表示

テキストで「斎藤」と入力し、「斎」の文字を選択すると異体字の候補が現れる。この機能は、［環境設定］の［高度なテキスト］で［異体字、分数、上付き序数表記、合字で表示］のオン／オフを切り替えることができる

異体字に変換するには、候補の文字の上でクリックする

字形パネルを表示して異体字に変更する

異体字や特殊な記号は字形パネルを使って入力することもできる。ここでは「渡辺」とテキスト入力し、「辺」の文字を選択した。ウィンドウメニューから［書式と表］→［字形］を選択する

字形パネルが表示される。表示のポップアップメニューで［選択された文字の異体字］を選ぶと、候補が表示される

コンテキスト表示から字形パネルを表示する

異体字のコンテキスト表示で候補が表示されない場合は、右端の矢印までカーソルを移動しマウスボタンを放すと字形パネルが表示される

字形パネルの表示オプション

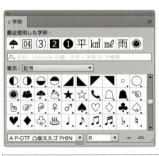

字形パネルでは［表示］のポップアップメニューで文字や記号の種類を選択して絞り込むことができる。図では、ポップアップメニューで「記号」を選択、使いたい記号をダブルクリックして入力したところ

InDesign Basic Operation
4-13　段落書式

学習のポイント
- 段落パネルでは、インデントや行取り、段落前／後のアキを設定できます。
- ドロップキャップ、ぶら下がりのスタイルを試してみましょう。
- 日本語単数行／段落コンポーザーで、文字組みの体裁が変わる場合があります。

●インデント・行取り・段落前／後のアキ

「インデント」は「字下げ」のことで、「1字下げ」のように言います。ミリ単位の指定になるので、12Qの文字を1字分下げるのであれば「3mm」で指定します。

「行取り」は、指定した行数分の中央に揃える組み方です。複数行の場合は、「段落行取り」を選択して、段落全体が複数行にまたがるようにします。

「段落前／後のアキ」は、段落を選択して、その段落の前後のあきスペースを指定できます。

インデント

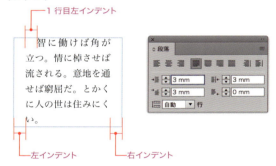

図は1つのテキストフレームに3種類のインデントを適用している。[1行目左インデント：3mm]は、段落の冒頭1字あけにするための設定。テキストフレームの左右（縦組みの場合は上下）に対してもインデントが設定できる

行取り

行取り：2行　　行取り：3行

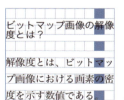

行取り：3行

段落の行数が複数行にわたる場合は、段落パネルメニューから［段落行取り］を選択する

段落前／後のアキ

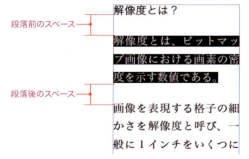

段落前のスペース
段落後のスペース

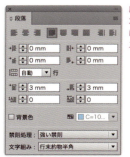

段落を選択し、［段落前のアキ：3mm］［段落後のアキ：3mm］に設定した。段落の前後にあきスペースができる

● ドロップキャップ・ぶら下がり・単数行／段落コンポーザー

ドロップキャップは、段落の先頭文字を大きく表示する機能で、段落の始まりを目立たせることができます。InDesignでは、ドロップキャップの行数や文字数を指定して設定します。

「ぶら下がり」とは「、」や「。」の句読点が行末にきたときに、フレームの外にはみ出して配置する方法です。

「単数行コンポーザー」は1行単位で改行位置を決定します。

「段落コンポーザー」は改行位置の判断を1つの段落単位で行います。そのため文字を修正するとそれ以前の行の改行位置が変更になる場合があるので注意が必要です。

ドロップキャップ

段落を選択し、［行のドロップキャップ数］に2以上の数値を指定すると、先頭の文字が行数分大きくなる。［1またはそれ以上の文字のドロップキャップ数］に2以上の数値を指定すると、指定した文字数が大きくなる

行のドロップキャップ数：2
文字のドロップキャップ数：1

行のドロップキャップ数：3
文字のドロップキャップ数：1

行のドロップキャップ数：2
文字のドロップキャップ数：3

ぶら下がり

ぶら下がりは、段落パネルメニューの［ぶら下がり方法］から設定する

ぶら下がり：なし

ぶら下がり：標準
フレーム内に収まる場合はぶら下げ処理しない

ぶら下がり：強制
行末の句読点を強制的にぶら下げる

Adobe日本語単数行コンポーザー

初代Macintoshの発売は1984年。マウス操作によるGUIやウインドウ表示で話題を呼んだ。デザインは9インチのモノクロCRT一体型で、まだ珍しかった3.5インチのフロッピーディスクドライブも内蔵した。CPUには8MHzの68000を搭載。

初代Macintoshの発売は1984年。マウス操作によるGUIやウインドウ表示で話題を呼んだ。デザインは9インチのモノクロCRT一体型で、まだ珍しかった3.5インチのフロッピーディスクドライブも内蔵した。CPUは8MHzの68000を搭載。

日本語単数行コンポーザーで文字組みしたサンプル。最後の文章の「CPUには」を「CPUは」に変え、文中の文字を1字削除した。日本語単数行コンポーザーでは、以前の行の変化はない

Adobe日本語段落コンポーザー

初代Macintoshの発売は1984年。マウス操作によるGUIやウインドウ表示で話題を呼んだ。デザインは9インチのモノクロCRT一体型で、まだ珍しかった3.5インチのフロッピーディスクドライブも内蔵した。CPUには8MHzの68000を搭載。

初代Macintoshの発売は1984年。マウス操作によるGUIやウインドウ表示で話題を呼んだ。デザインは9インチのモノクロCRT一体型で、まだ珍しかった3.5インチのフロッピーディスクドライブも内蔵した。CPUは8MHzの68000を搭載。

日本語段落行コンポーザーで文字組みしたサンプル。最後の文章の「CPUには」を「CPUは」に変え、文中の文字を1字削除した。日本語段落コンポーザーでは、以前の行の改行位置が変わっているのがわかる

InDesign Basic Operation
4-14 テキストの回り込み／テキストの流し込み

学習のポイント
- 写真やグラフィックにテキストを回り込ませることができます。
- テキストの回り込みパネルでは、オフセットや輪郭オプションを指定できます。
- 段組などのガイドに沿ってテキストを流し込む方法を覚えておきましょう。

● **テキストの回り込み**

文字の上に画像などのグラフィックオブジェクトを配置すると、背面のテキストが隠れて読めなくなります。このような場合は、テキストの回り込みパネルを表示させて、回り込みを設定します。上下左右のアキ量（オフセット値）を指定して体裁を整えます。

角版画像のテキストの回り込み

本文テキストの上に、写真を配置して大きさを調整する。レイアウトグリッドやフレームグリッドのガイドを参照して、写真と文字列を合わせている。上の作例では、文字が写真に隠れて読めない

ウィンドウメニューから［テキストの回り込み］を選びパネルを表示する。写真を選択、［境界線ボックスで回り込む］をクリックする

テキストとのアキを調整する。ここでは［下オフセット：3mm］に設定した

フレームの形に沿って回り込ませる

楕円や多角形のフレームで写真をトリミングしている場合は、［オブジェクトのシェイプで回り込む］ボタンを選択する。オフセットは周囲とのアキを設定する

オブジェクトの形に沿って回り込ませる

Photoshop でクリッピングパスを作成した画像や Illustrator で作成した画像は、輪郭オプションの［種類］を指定して回り込ませることができる

● ガイドに沿ってテキストを流し込む

雑誌では段組ガイドに沿ってテキストを流し込むことが多いが、こうした場合に「半自動流し込み」のショートカットを覚えておくと便利です。

「自動流し込み」のショートカットは、自動的にページを増やしてあふれたテキストを流し込みます。長文のテキストを流し込む場合に有効です。

通常の流し込み

テキストが入りきらず、あふれている場合には、アウトポートに＋マークが表示される。選択ツールでアウトポートをクリックする

次の段が始まる場所（段組ガイドのコーナーの位置）でクリックする

同じサイズのテキストフレームが作成され、テキストが連結する

半自動流し込み

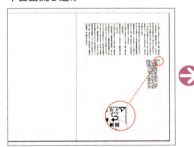
選択ツールでアウトポートをクリックし、次の段を配置したい場所（段組ガイドのコーナーの位置）で option キーを押す。マウスポインタが「半自動流し込み」の形になる

option キーを押しながらクリックすると、段が追加されてテキストが配置されるが、テキスト配置後もマウスポインタはテキスト配置アイコンのままとなる

option キーを押しながらクリックする操作を続けて、すべてのテキストを配置する

自動流し込み

あふれたテキストを次のページに流し込んでみよう。選択ツールでアウトポートをクリックする

マウスポインタがテキスト配置アイコンに変化する。この状態で shift キーを押すと、マウスポインタが「自動流し込み」の形になる。次ページのテキストをスタートさせたい位置（マージンガイドのコーナー）でクリックする

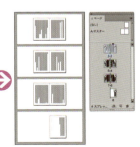
自動でページやテキストフレームを増やしながら、すべてのテキストが流し込まれる

InDesign Basic Operation

4-15　段落／文字スタイルの登録

学習の ポイント

- 段落や文字の書式は段落スタイル／文字スタイルとして登録することができます。
- スタイルを登録するには、事前に完成した見本を1つ作っておくと効率的です。
- 段落スタイル・文字スタイルを登録してみましょう。

● 段落／文字スタイルの登録の準備

　段落や文字の書式は、スタイルに名前を付けて段落スタイルパネルや文字スタイルパネルに登録しておくと便利です。

　ここでは、通信販売のカタログの文字書式をスタイルに登録してみましょう。まず、画面上で登録する文字の書式を適用した見本を1つ作成します。その後で段落や文字を選択しながらスタイルを登録していくのが効率的です。最終的には右図のような段落／文字スタイルが登録されます。

ここでは、以下の段落スタイル、文字スタイルを登録していく。
●段落スタイル
「商品名」／フォント：ヒラギノ角ゴ Pro W6 ／サイズ：14Q ／行送り：20H
「商品解説」／フォント：ヒラギノ明朝 Pro W3 ／サイズ：10Q ／行送り：15H
「仕様」／フォント：ヒラギノ角ゴ Pro W3 ／サイズ：9Q ／行送り：14H
「価格」／フォント：ヒラギノ明朝 Pro W6 ／サイズ：14Q ／行送り：20H
●文字スタイル
「税込表示」／フォント：ヒラギノ明朝 Pro W6 ／サイズ：9Q
※文字パネルメニューから［文字揃え］→［仮想ボディの下／左］を選び文字のラインを揃える

● 段落スタイルの登録

　段落スタイルを登録します。以下に示す2種類の方法がありますが、結果は同じです。

［新規段落スタイル］コマンドを利用する方法

ウィンドウメニューから［スタイル］→［段落スタイル］を選び、段落スタイルパネルを表示する。横組み文字ツールで1行目の商品名のテキストを選択し、段落スタイルパネルメニューから［新規段落スタイル］を選ぶ

［新規段落スタイル］ダイアログが現れる。スタイル名の入力ボックスに「商品名」と入力して［OK］ボタンをクリックする

178

段落スタイルパネルに「商品名」のスタイルが登録された。しかし、この段階では元のテキストには「商品名」のスタイルが適用されていない

段落スタイルパネルで「商品名」のスタイル名をクリックする。この操作で元のテキストに「商品名」のスタイルが適用されたことになる

［新規スタイルを作成］ボタンを利用する方法

2～3行目の商品解説のテキストを選択し、段落スタイルパネル下の［新規スタイルを作成］ボタンをクリックする

段落スタイルパネルに「段落スタイル1」という名前の段落スタイルができる

「段落スタイル1」のスタイル名をダブルクリックする。この操作で、元のテキストにスタイルが適用される

現れるダイアログでスタイル名を「商品解説」と入力し、［OK］ボタンをクリックする

● 文字スタイルの登録

文字スタイルも段落スタイルと同じような方法で登録できます。違いは、スタイルを登録する時、段落全体を選択するのではなく、段落内の一部の文字列を選択して作業します。

以下では［新規スタイルを作成］ボタンを利用する方法で登録してみましょう。

「(税込)」のテキストを選択し、文字スタイルパネル下の［新規スタイルを作成］ボタンをクリックする

文字スタイルパネルに「文字スタイル1」という名前の文字スタイルができる。このスタイル名をダブルクリックする

現れるダイアログでスタイル名を「税込表示」と入力し、［OK］ボタンをクリックする

> **MEMO**
> スタイル名は登録した順番に表示されますが、スタイル名をつかんで上下にドラッグすることで、表示順を入れ替えることができます。次節で解説するスタイルを適用する作業がスムーズに行えるよう、順番を入れ替えるとよいでしょう。

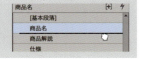

InDesign Basic Operation

4-16　段落／文字スタイルの適用と編集

学習の
ポイント

- 登録した段落スタイル・文字スタイルを別のテキストに適用してみましょう。
- 段落／文字スタイルは後で編集して設定を変更することができます。
- スタイルを設定後に書式を変更すると「オーバーライド」の状態になります。

● 段落／文字スタイルの適用

前節で登録した段落スタイルパネル、文字スタイルパネルに登録したスタイルを別のテキストに適用してみましょう。操作は、文字ツールで適用したい段落や文字を選択し、段落／文字スタイルパネルに登録したスタイル名をクリックするだけです。

> **MEMO**
> 文字ツールで段落を選択する際には、段落内の一部のテキストだけを選択、あるいは段落内にカーソルを置くだけでも段落を選択したことになります。

段落スタイルの適用

 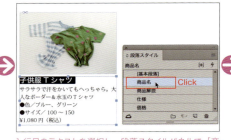 

別のテキストに対して、段落スタイルを適用する。上図は、スタイル適用前の状態

1 行目のテキストを選択し、段落スタイルパネルで「商品名」のスタイル名をクリックした

それぞれのテキストに対して、段落スタイルパネルでスタイル名をクリックして指定した

文字スタイルの適用

別のテキストに対して、文字スタイルを適用する。上図は、スタイル適用前の状態

最終行の「（税込）」のテキストを選択し、文字スタイルパネルで「税込表示」のスタイル名をクリックした

文字スタイルが適用された

● **段落／文字スタイルの編集**

段落スタイルや文字スタイルは、後で変更を加えて一括で変換できます。

方法は2種類あります。テキストに直接変更を加え、そのテキストを選んだ状態でスタイルパネルメニューから［スタイル再定義］を選ぶ方法。もうひとつは、スタイルパネルメニューから［スタイルの編集］を選び、［段落スタイルの編集］ダイアログで編集を加える方法です。

［スタイル再定義］を利用する

画面上で直接書式を変更する。上図では1行目の商品名のテキストを選び、フォントを変更、さらに文字のカラーを赤にした

変更したテキストを選択し、段落スタイルパネルメニューから［スタイル再定義］を選択する

スタイルが再定義され、他の同じスタイルが適用されたテキストの書式も変更される。上の作例は段落スタイルの場合であるが、文字スタイルの場合も同様の操作で編集が可能

［スタイルの編集］を利用する

オブジェクトは何も選択せず、段落スタイルパネルで変更したいスタイル名を選び、パネルメニューから［スタイルの編集］を選ぶ

［段落スタイルの編集］ダイアログが表示される。左側のリストから項目を選び、書式を変更する。上図では［基本文字形式］を選び、フォントを変更した

さらに［文字カラー］を選び、フォントのカラーを赤に変更した。［プレビュー］をチェックすると結果を確認できる

［OK］ボタンをクリックする。書式が変更されたのが確認できる

> **MEMO**
> スタイルの適用されたテキストに、その一部にスタイルと異なる書式設定が含まれている場合、スタイル名の右にプラス記号（+）が表示されます（これを「オーバーライド」と呼びます）。オーバーライドを消去するには、パネル下の［選択範囲のオーバーライドを消去］ボタンをクリックするか、または段落スタイルパネルメニューの「オーバーライドを消去」を選択します。

InDesign Basic Operation

4-17　オブジェクトスタイル／グリッドフォーマット

学習のポイント
- オブジェクトスタイルパネルでは、オブジェクトの効果や属性を登録できます。
- グリッドフォーマットパネルでは、フレームグリッドの書式を登録できます。
- レイアウトグリッドとフレームグリッドの書式は同期することを知っておきましょう。

● オブジェクトスタイルを登録・適用する

　オブジェクトに適用した基本属性や効果は、オブジェクトスタイルとして名前を付けて登録することができます。登録後はオブジェクトスタイルパネルからスタイル名をクリックするだけで、属性や効果が現れるようになります。同じスタイルを適用することで誌面全体の統一感が生まれますし、後でスタイルを一括で変更することも可能です。

ここでは効果パネルを使い、写真のオブジェクトにドロップシャドウを適用する。効果パネルメニューから［効果］→［ドロップシャドウ］を選択する

［効果］ダイアログボックスでドロップシャドウを設定する。［プレビュー］をチェックすると、画面上で効果を確認しながらパラメーターを調整できる

ウィンドウメニューから［スタイル］→［オブジェクトスタイル］を選び、パネルを表示する。ドロップシャドウを適用したオブジェクトを選択し、パネルから［新規スタイルを作成］ボタンをクリックする

オブジェクトスタイルパネルに「オブジェクトスタイル1」という名前でスタイルが登録された。スタイル名をダブルクリックする

［オブジェクトスタイルオプション］ダイアログが表示される。スタイル名に「ドロップシャドウ」と入力して［OK］ボタンをクリックする

別の写真に、登録したドロップシャドウのスタイルを適用してみよう。写真を選択し、オブジェクトスタイルパネルでスタイル名をクリックすると、写真にドロップシャドウの効果が適用される

● グリッドフォーマット

　グリッドフォーマットパネルには、デフォルトで［レイアウトグリッド］という名前のフォーマット名が表示されています。このグリッドフォーマットには、そのときページパネル上で選択されているページのレイアウトグリッド設定が反映します。従って、新規ドキュメントをレイアウトグリッドを使って作成すると、設定した書式が［レイアウトグリッド］フォーマットになります。重要な機能なので覚えておきましょう。

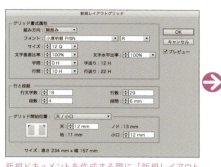

新規ドキュメントを作成する際に［新規レイアウトグリッド］ダイアログの［グリッド書式属性］では、本文の書式を設定する

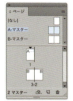

縦組み／横組みグリッドツールでフレームグリッドを作成すると、ドキュメントのレイアウトグリッドと一致したフレームグリッドが作成できる。本文をすぐに流し込みできるので便利だ

● フレームグリッドの設定をグリッドフォーマットに登録する

　グリッドフォーマットパネル（ウィンドウメニューから［書式と表］→［グリッドフォーマット］を選ぶ）を使用して、フレームグリッドの設定をグリッドフォーマットとして登録することができます。

キャプション用に左図の書式のフレームグリッドを作成、グリッドフォーマットパネルで［新規グリッドフォーマット］ボタンをクリックする

「グリッドフォーマット1」という名前が登録される。この名前をダブルクリックし、［グリッドフォーマットの編集］ダイアログを表示する

グリッド名に名前を入力する。図では「キャプション」と入力した。設定された書式を確認し、［OK］ボタンをクリックする

グリッドフォーマットパネルに「キャプション」というフォーマットが登録された

これで、いつでもキャプション用のフレームグリッドを作成できる。操作は、フレームグリッドを作成し、グリッドフォーマットパネルのスタイル名をワンクリックするだけだ

InDesign Basic Operation
4-18　画像の配置とサイズの調整

- 「配置」コマンドで画像を配置する手順を覚えましょう。
- 配置した画像は、選択ツールやダイレクト選択ツールで大きさや位置を変更します。
- 「オブジェクトサイズの調整」を使うと、素早く画像とフレームのサイズを調整できます。

● 画像を配置する

　画像を配置するには、[配置] コマンドを利用します。[読み込みオプションを表示] をチェックすると、Photoshopの画像であれば、レイヤー、レイヤーカンプ、クリッピングパス、アルファチャンネルなどを指定して取り込むことができます。配置する際は、クリックすると実寸で、ドラッグすると大きさを指定して取り込むことができます。

オブジェクトを何も選択していない状態で、ファイルメニューから [配置] を選ぶ。（注：オブジェクトを選択していると、そのオブジェクトに画像が取り込まれる）

[配置] ダイアログで画像を選択する。[読み込みオプションを表示] をチェックすると、[読み込みオプション]ダイアログが表示され、詳細を指定して取り込むことが可能になる。[OK] ボタンをクリックする

  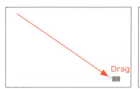

カーソルがグラフィック配置アイコンに変わり、プレビューが表示される

そのままクリックすると、実寸大で画像が配置される

ドラッグして四角形を描くと、その大きさで画像が配置される

MEMO

複数の画像を選択して配置すると、グラフィック配置アイコンに取り込んだ画像枚数が表示され、上下の矢印キーを押して配置する画像を選択できます。また、ドラッグしながら左右、上下の矢印キーを押すと、複数の画像を格子状に配置することができます。

複数の画像を読み込み、ドラッグして四角形を描いているときに、上向き、右向きの矢印キーを押すと、グラフィックフレームを格子状に増やすことができる

配置した画像を編集する

　グラフィックフレームに配置した画像は、選択ツールでフレームの編集、ダイレクト選択ツールで画像の編集を行います。また、コントロールパネルを使って数値指定することもできます。「オブジェクトサイズの調整」機能を利用すると、ボタン操作で写真のトリミングができます。

グラフィックフレームとコンテンツ（写真）のサイズ調整

選択ツールを利用すると、グラフィックフレームを移動したり拡大縮小できる

ダイレクト選択ツールを利用すると、フレーム内の画像を選択し、移動したり拡大縮小できる

選択ツールで画像の中央部分にカーソルを置くと、ドーナツ状のアイコン（「コンテンツグラバー」と言う）が表示される。この状態でクリックすると画像を選択し、移動などの操作が行える

画像を選択しているときは、コントロールパネルでは、画像のX位置、Y位置、W（幅）、H（高さ）、XYの拡大縮小率が表示される。それぞれの入力ボックスに直接数値を指定して編集が可能

「自動調整」機能を利用する

コントロールパネルの［自動調整］をオンにすると、フレームと画像の両方が連動して拡大縮小する

> **MEMO**
> 選択ツールで⌘＋shiftキーを押しながらフレームの四隅のハンドルをドラッグすると、フレームと画像の両方が連動して、縦横等倍で拡大縮小されます。

「オブジェクトサイズの調整」機能を利用する

適用前　　フレームに均等に流し込む　　内容を縦横比に応じて合わせる

内容をフレームに合わせる　　フレームを内容に合わせる　　内容を中央に揃える

オブジェクトメニューの［オブジェクトサイズの調整］では、［フレームに均等に流し込む］［内容を縦横比に応じて合わせる］［フレームを内容に合わせる］［内容をフレームに合わせる］［内容を中央に揃える］の操作が可能。これらはコントロールパネルのボタンでも操作が可能

InDesign Basic Operation
4-19 フォント検索／合成フォントの作成

学習のポイント
- 「フォント検索」を使って、ドキュメント内のフォントを検索・置換することができます。
- 「検索と置換」を使って、検索形式を指定して検索・置換することができます。
- 合成フォントの機能を使って、複数のフォントを組み合わせてみましょう。

● ドキュメント内のフォントを検索・置換する

ドキュメント内のフォントを検索・置換するには、「フォント検索」あるいは「検索と置換」を利用する方法があります。「検索と置換」は、ある言葉を別の言葉に置き換える際に利用するものですが、フォントや段落・文字スタイルなどの書式を検索して、置換することができます。

「フォント検索」を利用する

ドキュメントを開き、書式メニューから［フォント検索］を選び、ダイアログを表示する

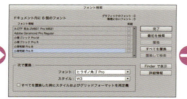

上の［フォント情報］にドキュメントで使われているフォントが表示されるので、フォントを指定する。下の［次で置換］で置換するフォントを指定する

［すべてを置換］を実行した。本文の書体がすべて置換された

「検索と置換」を利用する

ドキュメントを開き、編集メニューから［検索と置換］を選び、ダイアログを表示する

ここではフォントを検索・置換する。下の［検索形式］［置換形式］のフィールドをクリックし、［基本文字形式］を選び、フォントとスタイルをそれぞれ指定した

［すべてを置換］を実行した。検索が完了するとメッセージが表示される。タイトルの書体が置換された

● **合成フォントの作成**

InDesignやIllustratorでは、フォントを組み合わせて合成フォントを作ることができます。欧文フォントと和文フォントを組み合わせたり、漢字とかなのフォントを変えるなどの使い方が可能です。合成フォントは、文字の可読性やバランスに留意しながら作成するようにしましょう。

合成フォントの作成

書式メニューから［合成フォント］を選び、ダイアログで［新規］ボタンをクリックする

名前の入力ボックスにフォント名を入力する。「ヒラギノ明朝 W6＋角ゴ W6＋Garamond」という名前を付けて［OK］をクリックした

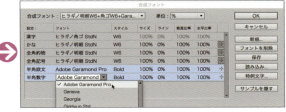

全角の漢字は「ヒラギノ角ゴ W6」、その他の全角は「ヒラギノ明朝 W6」を指定した

半角の欧文・数字は「Adobe Garamond Pro Bold」を指定した

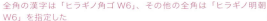

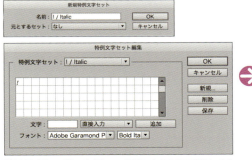
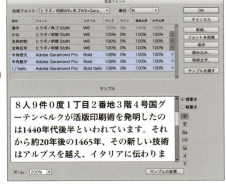

［特例文字］のボタンを押して、特例の文字を別の書体にすることもできる。図では「!」のみイタリック体になるよう指定した

ダイアログ下では作成される合成フォントのサンプルが表示される。文字カテゴリごとのサイズやラインの微調整が可能。最後に保存してダイアログを閉じる

合成フォントの適用

保存した合成フォントはフォントメニューの上部にフォント名が表示される

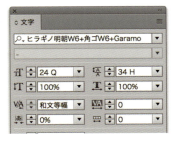

テキストに合成フォントを適用して効果を確認する。上は「ヒラギノ明朝 W6」、下は合成フォントを適用したもの

InDesign Basic Operation

4-20　効果パネルで特殊効果を適用する

学習のポイント
- 効果パネルで「描画モード」を適用してみましょう。
- 効果パネルで「不透明度」を適用してみましょう。
- 効果パネルのメニューから［効果］を適用してみましょう。

● 効果パネルで描画モード、不透明度を適用する

　InDesignの効果パネルを使うと、さまざまな特殊効果を作ることができます。不透明度や描画モードの設定も効果パネルから指定できます。また、適用する対象として［オブジェクト］［線］［塗り］［テキスト］を個別に選び、効果を設定できるようになっています。

　以下では、［描画モード］と［不透明度］について例を挙げながら解説します。画像オブジェクトでも同じような効果が得られます。

元画像。赤いストライプの上に、塗りや線のカラーを適用したテキストフレームが重なっている

描画モード

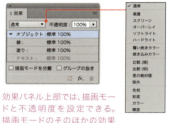

効果パネル上部では、描画モードと不透明度を設定できる。描画モードのそのほかの効果見本は 204 ページを参照

描画モード：乗算

描画モード：スクリーン

不透明度

不透明度を［線：50％］に指定

さらに［塗り：50％］を指定

さらに［テキスト：50％］を指定

● **効果パネルのメニューから[効果]を適用する**

効果パネルのメニューから[効果]を選ぶと、さまざまな特殊効果を適用できます。あるいは、オブジェクトメニューから[効果]を選び、サブメニューから同様の効果を選択できます。

効果メニューから特殊効果を選ぶ

効果パネルのメニューから[効果]を選ぶと、さまざまな特殊効果を選択できる。以下では、グラデーションのぼかしを写真に対して適用した

基本のぼかし

[基本のぼかし]を適用した。写真の周囲をぼかすことができる

方向性のぼかし

[方向性のぼかし]を適用した。[シェイプ]を切り替えると違った効果が現れる

グラデーションぼかし

[グラデーションぼかし]を適用した。[種類]で[線形]と[円形]が選べる

InDesign Basic Operation

4-21　表を作る（1）

学習のポイント

- 「表を挿入」「テキストを表に変換」コマンドの2通りの表の作り方を覚えましょう。
- 表の「行」「列」「表全体」を選択する方法を覚えましょう。
- Excelファイルを読み込んで表を作成してみましょう。

●表を作成する

表はプレーンテキストフレームの中に作成します。横組みのテキストフレームでは表も横組みになり、縦組みのテキストフレームの場合は表も縦組みになります。表を作成する方法は、表メニューから［表を挿入］あるいは［テキストを表に変換］を選びます。

［表を挿入］で表を作成する

横組み文字ツールでドラッグしてテキストフレームを作成する。カーソルが点滅し、文字が入力できるモードになる

表メニューから［表を挿入］を選択する。［表を挿入］ダイアログが現れる。［本文行：7］［列：3］と入力し、［OK］ボタンをクリックした

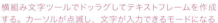 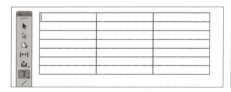

テキストフレームの中に7行、3列の表ができあがる。個々のセルをクリックしてテキストを入力する。テキストは、Excelファイルのドキュメントからコピー&ペーストすることも可能だ

テキストを表に変換する

 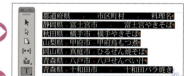

事前にテキストフレーム内にテキストを入力する。項目間にはタブを挿入する。書式メニューから［制御文字を表示］を選ぶと、タブを入力した箇所が確認できる

表にするテキストをすべて選択する

表メニューから［テキストを表に変換］を選択する。ダイアログで［列分解：タブ］［行分解：段落］に設定し、［OK］をクリックする

テキストが表に変換された

● 表の選択、表の編集

表は、文字ツールを使ってクリックする操作で個々のセルを選択できます。行または列を選択するには、表の外枠にカーソルを置き、矢印が表示されたらクリックします。列幅や行の高さは、ドラッグ操作で変更できます。数値で幅や高さを指定するには、表パネルやコントロールパネルを利用します（次節参照）。

行の選択

文字ツールを選び、行の外側にカーソルを置くと、右向きの矢印の形になる。クリックすると1行全体を選択できる。shiftキーを押しながらクリックして複数行を選択することもできる

列の選択

文字ツールを選び、列の外側にカーソルを置くと、下向きの矢印の形になる。クリックすると1列全体を選択できる。shiftキーを押しながらクリックして複数列を選択することもできる

全体の選択

文字ツールを選び、表の左上にカーソルを置くと、右下向きの矢印の形になる。クリックすると表全体を選択できる

列の幅の変更

列の罫線の上にカーソルを置くと、左右方向の矢印の形になる。このままドラッグすると列幅を変更できる

行の高さの変更

行の罫線の上にカーソルを置くと、上下方向の矢印の形になる。このままドラッグすると行の高さを変更できる

● Excelファイルから表を作成する

「配置」コマンドを使うと、Excelファイルから表を直接取り込むこともできます。

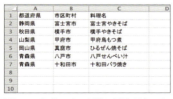

Microsoft Excelで上図のようなドキュメントを作成し、保存する

InDesignで、横組み文字ツールでドラッグしてテキストフレームを作成する。カーソルが点滅し、文字が入力できるモードになる

ファイルメニューから［配置］を選び、Excelファイルを選択する。［読み込みオプションを表示］をチェックし、［開く］を実行する

［Microsoft読み込みオプション］ダイアログが現れる。図のような設定で［OK］をクリックする

テキストフレーム内に表が配置された

InDesign Basic Operation

4-22 表を作る（2）

学習のポイント
- 表の属性は表パネルやコントロールパネルを使って変更できます。
- セルの文字書式や塗り、カラーを設定してみましょう。
- 「表の属性」「セルの属性」ダイアログボックスで表の属性を設定することもできます。

● 表の属性を変更する

　表スタイルの設定は表パネルあるいはコントロールパネルで行えます。設定できる項目を以下に示しました。これ以外に表メニューから行う操作もあります。

表パネルとコントロールパネル

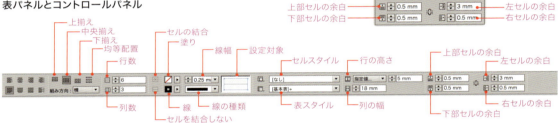

セルの文字書式

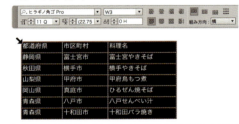

セル内のテキストは、コントロールパネルや文字パネルで書式を指定できる。段落スタイルや文字スタイルを適用することも可能だ

行の高さ

行の高さは、表パネル（あるいはコントロールパネル）で指定できる。ポップアップメニューで［最小限度］を選ぶと、テキストを追加したり文字サイズを大きくした時、行の高さが自動的に高くなる。［指定値を使用］を選ぶと、入力ボックスに数値を指定して行の高さを指定することができる

列の幅

列を選択し、［列の幅］の入力ボックスに数値を指定して列の幅を決めることができる

セルの余白

テキストの周囲に余白を設定できる。セルを選択し、上部、下部、右、左に余白の値を個々に指定できる

セルの結合/分割

表メニューでは、[セルの結合][セルを横に分割][セルを縦に分割]の操作が行える

文字ツールで複数のセルを選択する

↓

表メニューで[セルの結合]を実行すると、セルが結合する

文字ツールでセルを選択する

↓

表メニューで[セルを横に分割]を実行した

↓

分割したセルを選択して行の高さを変更し、ほかと揃えた

● 表の属性/セルの属性

表メニューの[表の属性][セルの属性]のサブメニューでは、表やセルの塗りや線などの体裁を指定することができます。[表の属性]では、表全体の属性を変更する場合に用い、[セルの属性]では、個々のセルの属性を変更する場合に用います。塗りや線の設定はコントロールパネルからでも行えます。

表メニューから[表の属性]あるいは[セルの属性]を選び、サブメニューから罫線や塗りのスタイルを設定するダイアログを表示する

表の属性

[表の属性]ダイアログでは[表の設定][行の罫線][列の罫線][塗りのスタイル][ヘッダーとフッター]を選び、スタイルを指定できる

セルの属性

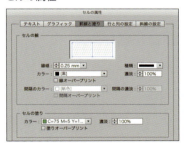

[セルの属性]ダイアログでは[テキスト][グラフィック][罫線と塗り][行と列の設定][斜線の設定]を選び、スタイルを指定できる

都道府県	市区町村	料理名
静岡県	富士宮市	富士宮やきそば
秋田県	横手市	横手やきそば
山梨県	甲府市	甲府鳥もつ煮
岡山県	真庭市	ひるぜん焼そば
青森県	八戸市	八戸せんべい汁
青森県	十和田市	十和田バラ焼き

上の作例は、ヘッダーのセルを選択し、[セルの属性]ダイアログの[罫線と塗り]でセルの線や塗りを指定。本文行は[表の属性]ダイアログの[塗りのスタイル]で[パターンの繰り返し:1行ごとに反復]を選んで作成した

> **MEMO**
>
> セルの塗りや線のカラーは、ツールパネルやスウォッチパネルの「塗り」ボタン、「線」ボタンで設定できます。線幅などの線の属性は線パネルで設定できます。
>
>

InDesign Basic Operation
4-23 プリフライト／パッケージ機能

● プリフライトを使うと、ドキュメントに問題があるとエラーメッセージが表示されます。
● プリフライトパネルで問題のある箇所を調べて、修正していきましょう。
● 問題がなくなったら、パッケージ機能を使って入稿データを書き出します。

● **プリフライト機能**

　プリフライトでドキュメントをチェックする方法をマスターしましょう。まずプリフライトパネルを表示し、新規でプリフライトプロファイルを作成します。チェックを行う項目は、リストの中から［一般］［リンク］［カラー］［画像とオブジェクト］［テキスト］［ドキュメント］の各項目を選び、チェックする際の条件を細かく設定していきます。

　プリフライトパネルで［オン］をチェックし、プロファイルをドロップダウンリストから選択します。エラーが検出されると、プリフライトパネルの下、あるいはウィンドウの下に赤い丸が表示され、検出されたエラーの数が表示されます。プリフライトパネルには、エラーの項目がリスト表示されるので、リストを展開し、データ修正を行っていきます。

プリフライトパネルでプロファイルを定義する

プリフライトパネルメニューから［プロファイルを定義］を選ぶ

プリフライトパネルを表示するには、ウィンドウ下部の「▼」ボタンをクリックしてメニューを表示させ［プリフライトパネル］を選ぶ。あるいはウィンドウメニューから［出力］→［プリフライト］を選択する

［プリフライトプロファイル］ダイアログが表示される。「＋」のボタン（［新規プリフライトプロファイル］ボタン）をクリックする

プロファイル名を入力する（上図では「印刷入稿チェック」と入力した）。プロファイルの詳細を設定する。上図では［カラー］の項目を展開し、［使用を許可しないカラースペースおよびカラーモード］をチェックし、［RGB］にチェックを入れた。この設定で、RGBカラーの画像を配置するとエラーメッセージが表示されるようになる。必要に応じてそのほかの項目を設定する。最後に［保存］ボタンをクリックしてプリフライトプロファイルを保存、［OK］ボタンをクリックする

194

プリフライトパネルを使ったデータ修正

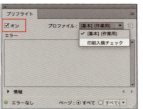

プリフライトパネルで［オン］をチェックし、プロファイルのドロップダウンリストで左ページで作成した「印刷入稿チェック」を選ぶ。
右上のボタンをクリックすると選択したプロファイルをドキュメントに埋め込むことができる

プリフライトでエラーが検出されると赤い丸が表示され、エラーの数が報告される。エラーのリストには、エラーを検出したオブジェクトが一覧で表示される。「▶」ボタンをクリックしてリストを展開すると、エラーの内容やオブジェクトの種類（画像の場合はファイル名）が示される。情報の「▶」ボタンをクリックすると、エラーを解決する方法が示される

上図では、［カラースペースが許可されていません］のメッセージが表示されている。画像のファイル名をダブルクリックすると、画像を配置したオブジェクトがアクティブになり、画面に表示される。Photoshopで開き、カラーモードを変換し、上書き保存する

ドキュメントに戻ると、エラーが解消され、リストから画像オブジェクトの表示が消えている

● パッケージを使った入稿ファイルの書き出し

印刷入稿のためにデータを集める際には「パッケージ」を利用すると、リンクファイルやフォントデータの添付忘れを防ぐことができます。書き出す前に、ドキュメントで利用しているフォントやリンク画像などに問題がないかをチェックします。パッケージでは、PDFやIDMLデータを一緒に書き出すこともできます。

ファイルメニューから［パッケージ］を選ぶ。［パッケージ］ダイアログで現在のドキュメントの状況を確認する。問題を見つけた場合は、ドキュメントに戻り、リンク画像やフォントなどの問題点を修正しておく。問題がなければ［パッケージ］ボタンをクリックする

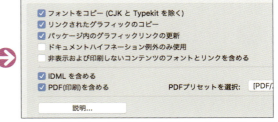

［パッケージ］ダイアログが現れる。書き出すフォルダの名前、保存先を指定する。書き出す項目をチェックして選ぶ。
印刷会社に渡す場合は、［フォントをコピー（CJKとTypekitを除く）］［リンクされたグラフィックのコピー］［パッケージ内のグラフィックリンクの更新］をチェックしておこう。
CC 2014以降では、［IDMLを含める］［PDF（印刷）を含める］の項目が追加された。IDML形式のドキュメントを書き出すと、CS4以降のInDesignで開けるドキュメント（IDML）が同時に書き出される。PDFドキュメントは、PDFプリセットを選択して書き出すことができる。
最後に［パッケージ］ボタンをクリックする

書き出されたフォルダーを開くと、各種ファイルが格納されているのが確認できる

InDesign Gallery　―SOUVENIR DESIGN INC.―

InDesignは書籍や雑誌、カタログなどの冊子を作る場合に用いられます。以下ではブックデザインの数々を紹介します。

● ビジュアルブックのカバーと本文デザイン

　下の書籍では、文字は読みやすい場所、写真の邪魔にならない場所を探して配置しています。廃墟名のタイトルや、県名、キャッチ、本文、アクセス等、それぞれの区別はつけつつも、写真の邪魔にならないように、スッキリとシンプルに見えるようにしています。

「美しい日本の廃墟　いま見たい日本の廃墟たち」
ヨウスケ 他著／エムディエヌコーポレーション

本文はスッキリと見えているので、章トビラやコラムは、背景に壊れたコンクリート等を思わせる形を置いたり、文字の背景に汚れた様子を加工したり、文字もかすれたような加工にして本文ページとの差別化をしている

荒れた感じを出すために、鉛筆を砕いたものをスキャナーでスキャンし、Photoshop データにして、InDesign に貼り付けた。章トビラの「Chapter 2」等の文字も、一度文字だけをプリントアウトしてカスれたように加工してからスキャンしている

● 教科書や入門書のカバーと本文デザイン

「Webリテラシー」
益子貴寛 他著／ボーンデジタル

本全体を通して、Webデザインのフラットデザインを意識しています。フォーマットや解説の図等もできるだけシンプルな形を使い、寂しくならないように配色やフォント等にも気をつかいました。

「写真が絶対うまくなる デジタル一眼
レンズ＆構図早わかり Q&A150」
河野鉄平著／玄光社

やさしく、わかりやすいイメージを出すために、カバーをはじめ、目次や扉、本文等にイラストを用いています。本文のレイアウトは、本文の段組を決めて、他は写真とキャプションの内容に合わせて自由にレイアウトしています。

● Interview

―普段はInDesignをどのようにお使いですか？
主に書籍の本文ページ組みに使用しています。本文の段組みでシンプルに流すこともあれば、見出し等、グラフィカルに組みたい時には、Illustratorのように細かく文字の大きさや角度を変えたりして組むこともあります。

―InDesignの魅力は何ですか？
文字スタイルや、段落スタイル、ノンブル等、文字を組む上で、組む人をサポートしてくれる機能がたくさんあり、これらを突き詰めていくことで、美しい文字組みを自分でコントロールできることでしょうか。

―InDesignを学ぶ人へメッセージをお願いします
文字組みのルールにのっとった縛りがあるので、最初はとっつきにくいかもしれませんが、文字組みの基本を理解すれば、自由に文字を組んでいくことができるツールだと思います。

［プロフィール］
SOUVENIR DESIGN INC.
2000年に設立以降、書籍等のエディトリアルデザインや、パンフレット、パッケージデザイン、ロゴデザイン等、グラフィックデザイン全般のデザインを行っています。

● COLUMN ●

Adobe Typekitを使ってみよう

フォントの種類は和文、欧文ともに膨大な種類があります。
用途に応じてフォントを使い分ける能力、センスを磨きましょう。

Typekitでフォントを同期する

　Adobe CCのサービスのひとつにTypekitがあります。Adobe Typekitのサイトにアクセスして、フォントを検索し、使いたいフォントを自分が使っているマシンと同期させれば、そのフォントをアプリケーション上で利用できるようになります。

　フォントは和文と欧文がありますので、どちらかを選択します。フォントを探す際は、実際にテキストを入力して、フォントデザインの見映えを確認することができます。またWebフォントとして利用したい場合は、フォントを絞り込んで検索することができます。

　自分のマシンと同期させるには、[同期]のボタンをクリックします。クラウドの処理が終わるまで少し時間がかかりますが、同期が終了すれば、同サイトで同期を解除するまで、そのフォントを利用できます。

Typekitフォントを利用する

　フォントの同期が終われば、アプリケーションのフォントメニューに表示されます。通常のフォントと同じように利用できますが、印刷入稿の際には注意が必要です。

　Typekitのフォントは、パッケージ機能を使ってフォントデータを収集できません。データを渡した相手側がTypekitのサービスを利用できる環境があれば、そのフォントを同期させれば同じように閲覧することはできます。しかし、印刷入稿の際は、Typekitのフォントの利用は避けたほうがよいでしょう。

　Typekitのフォントを使ってデータを作成した場合は、そのフォントを使った箇所をアウトライン化する、あるいはPDFで書き出してフォントのアウトラインデータを埋め込んで入稿するようにしてください。

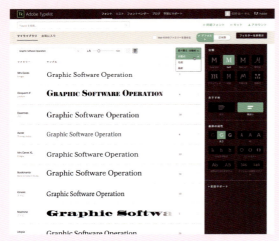

Typekitのサイト（typekit.com）にアクセスし、フォント一覧のページを開く。入力ボックスにテキストを入力し、右側のボタンで条件を指定する。フォントの効果がシミュレーションできるので便利だ

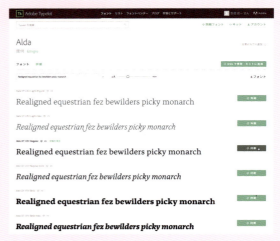

使いたいフォントをクリックする。欧文フォントの場合はファミリーの一覧が表示される。右側の[同期]ボタンをクリックすると、利用者のマシンでフォントが利用できるようになる

Appendix

付録

ビジュアル資料集

資料-01 プロセスカラーチャート

Appendix

プロセスカラーは印刷で利用できるカラーです。フルカラーの印刷物は、C（シアン）、M（マゼンタ）、Y（イエロー）の3原色にK（ブラック）を加えた4色で刷られます。以下に示したカラーチャートは、CMYの3色を％（パーセンテージ）で指定し、これらを掛け合わせて再現される色を示しています。

利用法は、カラーチャートの中から使いたい色を探し、その色のCMYの掛け合わせの値（％）を調べます。その色の値（％）をカラーパネルやスウォッチパネル、カラーピッカーのCMYKの入力ボックスで指定すれば、求めるカラーをモニタ上で再現できます。印刷（プリント）では、100％でベタ、中間の濃度は細かいドット（網点）になり、0％で無色（紙色）になります。

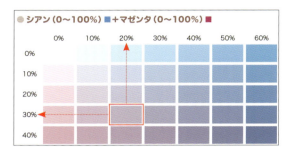

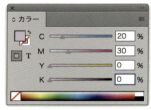

図の赤枠で示した色を利用する場合は、チャートに示された％の値を調べ、その値をカラーパネルで入力する。ここでは［C：20％］［M：30％］の掛け合わせで指定している

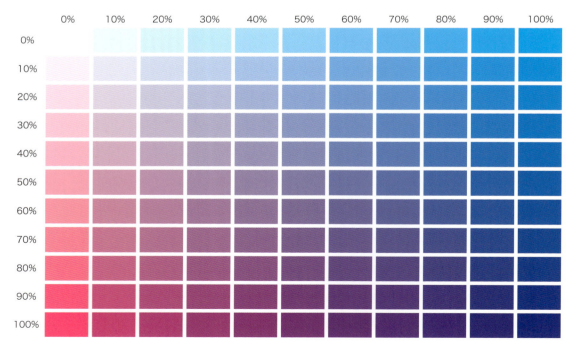

● マゼンタ（0〜100%）■ ＋イエロー（0〜100%）■

● シアン（0〜100%）■ ＋イエロー（0〜100%）■

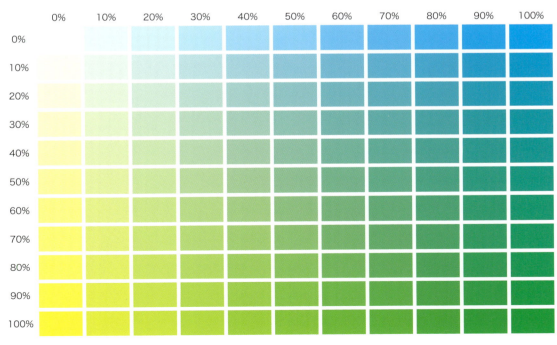

● シアン (0〜100%) ■ +マゼンタ (0〜100%) ■ +イエロー (25%)

● シアン (0〜100%) ■ +マゼンタ (0〜100%) ■ +イエロー (50%)

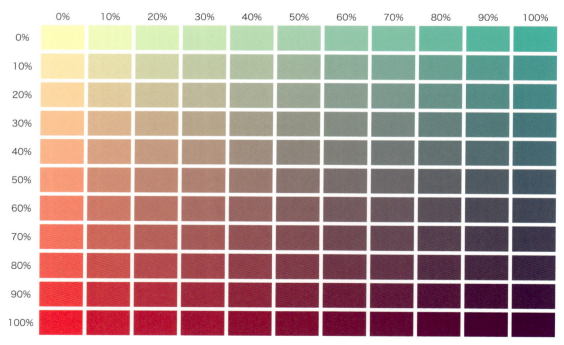

● シアン（0〜100%） ■＋マゼンタ（0〜100%） ■＋イエロー（75%）

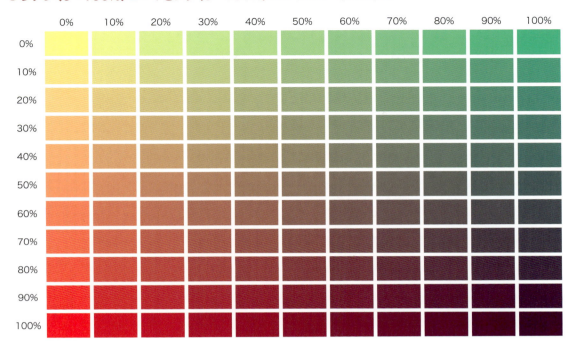

● シアン（0〜100%） ■＋マゼンタ（0〜100%） ■＋イエロー（100%）

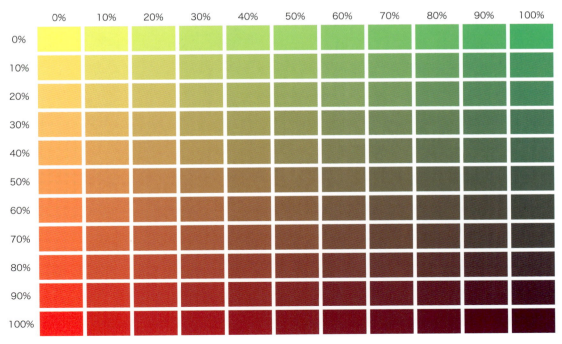

Appendix

資料-02 Photoshopの描画モード

Photoshopの描画モードを使うと、上下のレイヤーの色が重なる条件を27種類のモードから選択できます（右図参照）。上下のレイヤーのピクセルのカラー値を演算することで、さまざまな色が表れます。レイヤーパネルでは、描画モードを設定し、さらに不透明度を設定することもできますので、微妙な調整が可能です。

背景画像

描画モード：通常

ディザ合成

比較（暗）

乗算

焼き込みカラー

焼き込み（リニア）

カラー比較（暗）

比較（明）

スクリーン

覆い焼きカラー

覆い焼き（リニア）- 加算

Appendix
資料-03 Photoshopのフィルター効果

　Photoshopのフィルターメニューには、画像に特殊効果を与えるさまざまなフィルターを適用できます。以下に、右の元画像をフィルター効果で画像変換した例を掲載しました。適用のダイアログではパラメーターを設定できるものもありますので、参考値も示しました。

Photoshop のフィルターメニュー

元画像

シャープ

アンシャープマスク　量：200%

シャープ（強）

ノイズ

ダスト＆スクラッチ　半径：3pixel

ノイズを加える　量：12.5%

ピクセレート

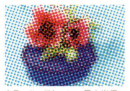
カラーハーフトーン　最大半径：8pixel

メゾティント　種類：細かいドット

モザイク　セルの大きさ：8 平方ピクセル

点描　セルの大きさ：5

ぼかし

ぼかし（ガウス）　半径：2.5pixel

ぼかし（移動）　角度：0　距離：10pixel

ぼかし（放射状）　量：10

ぼかしギャラリー

虹彩絞りぼかし　ぼかし：15px

表現手法

ソラリゼーション

風

油彩

輪郭検出

206

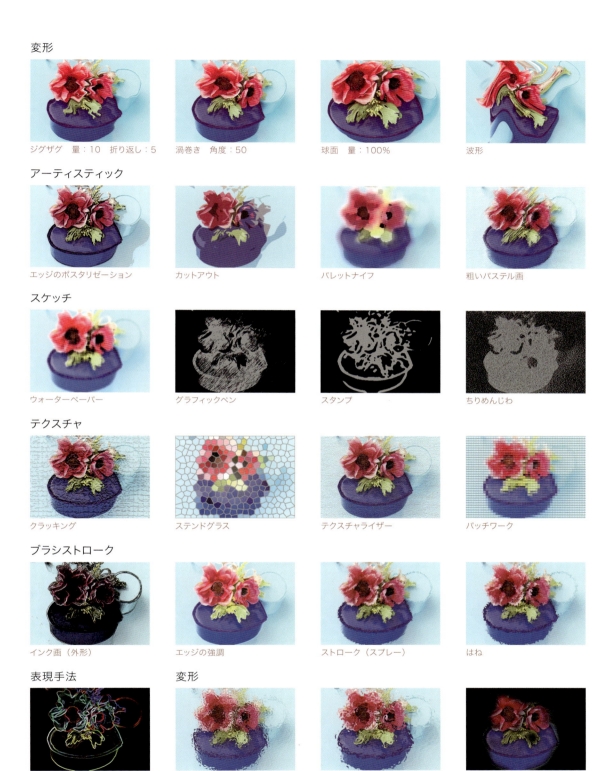

Appendix
資料-04　Illustratorの線・ブラシ設定

● 線パネルで設定できる形状

　Illustratorの線パネルでは、線（パス）の始点と終点に矢印の形状を指定できます。矢印の大きさは％（パーセンテージ）で調整が可能です。InDesignにも同様の機能がありますが、矢印の種類はIllustratorのほうが豊富です。

Illustratorの線パネルでは、線の始点と終点の形状をポップアップメニューで指定できる

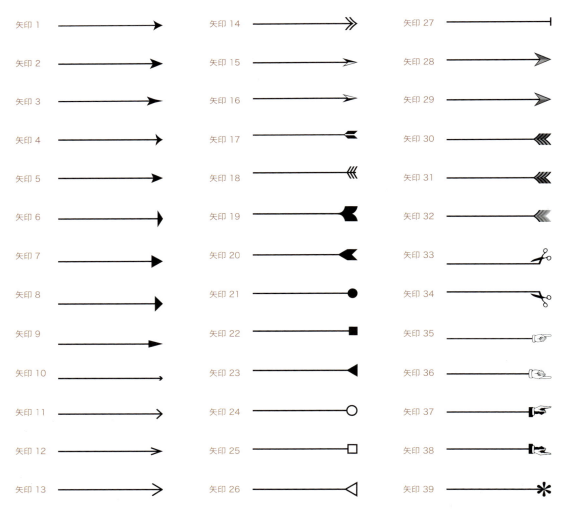

● **カスタムブラシで設定できる形状**

Illustratorのブラシパネルの[ブラシライブラリメニュー]ボタンを押すと、メニューが現れ、さまざまな種類のブラシを指定できます。以下に、アートブラシの代表的なものを掲載します。

Illustratorのブラシパネルの[ブラシライブラリメニュー]ボタンを押すと、さまざまな種類のブラシが選べる

Appendix

資料-05 Illustratorのスウォッチライブラリ（パターン）

● スウォッチライブラリのパターン素材

Illustratorのスウォッチパネルの[スウォッチライブラリメニュー]では、ライブラリを選択できます。以下では「パターン」素材の一部を掲載します。

Illustratorのスウォッチパネルの[スウォッチライブラリメニュー]ボタンを押すと、さまざまなカラーやグラデーション、パターンが選べる

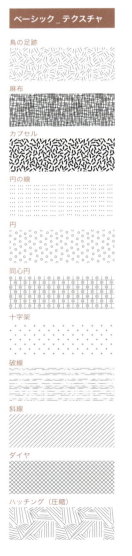
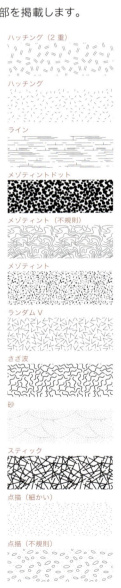

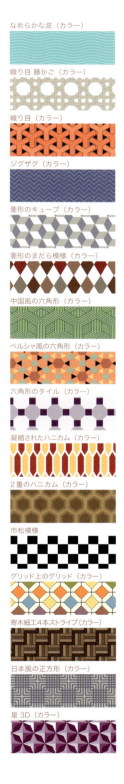

Appendix
資料-06 文字組み設定

● Illustratorの文字組み設定

Illustratorの段落パネルにある［文字組み］には、句読点や括弧などの役物を全角／半角にするか、さらにそれらが行末にきた時の処理を4種類のプリセットから指定できます。文字組みがどのように変化するか覚えておきましょう。

Illustratorの段落パネルの文字組みでは、4種類のプリセットを選択できる

● 約物半角

「組版」は文字や図版などの要素を配置し、紙面を構成すること。「組み付け」とも言う。現在では、「レイアウトソフト」を用いて、紙面を作ることを指す。

● 行末約物全角

「組版」は文字や図版などの要素を配置し、紙面を構成すること。「組み付け」とも言う。現在では、「レイアウトソフト」を用いて、紙面を作ることを指す。

● 行末約物半角

「組版」は文字や図版などの要素を配置し、紙面を構成すること。「組み付け」とも言う。現在では、「レイアウトソフト」を用いて、紙面を作ることを指す。

● 約物全角

「組版」は文字や図版などの要素を配置し、紙面を構成すること。「組み付け」とも言う。現在では、「レイアウトソフト」を用いて、紙面を作ることを指す。

● InDesignの文字組み設定

Ilustratorの段落パネルにある［文字組み］は、Illustratorよりさらに多いデフォルト設定が指定できます。句読点や括弧などの役物の扱い方に加えて、段落の1字下げのルールが加わり、合計14種類のプリセットがあります。

鉤括弧が段落の先頭にくると、1字下げは3つの処理があります。「1字下げ（起こし食い込み）」「1字下げ」「1字下げ（起こし全角）」の3通りで、それぞれの見た目のアキ量が、半角（二分）、全角、全角半になります。

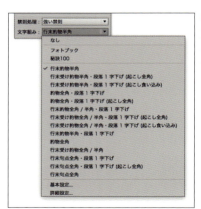

InDesignの段落パネルの文字組みでは、14種類のプリセットを選択できる

● 行末約物半角

『組版』は文字や図版などの要素を配置し、紙面を構成すること。「組み付け」とも言う。現在では、「レイアウトソフト」を用いて、紙面を作ることを指す。

● 行末受け約物半角・段落 1 字下げ（起こし食い込み）

『組版』は文字や図版などの要素を配置し、紙面を構成すること。「組み付け」とも言う。現在では、「レイアウトソフト」を用いて、紙面を作ることを指す。

● 約物全角・段落 1 字下げ（起こし全角）

　「組版」は文字や図版などの要素を配置し、紙面を構成すること。「組み付け」とも言う。現在では、「レイアウトソフト」を用いて、紙面を作ることを指す。

● 行末受け約物全角

　「組版」は文字や図版などの要素を配置し、紙面を構成すること。「組み付け」とも言う。現在では、「レイアウトソフト」を用いて、紙面を作ることを指す。

● 行末約物半角・段落 1 字下げ

　「組版」は文字や図版などの要素を配置し、紙面を構成すること。「組み付け」とも言う。現在では、「レイアウトソフト」を用いて、紙面を作ることを指す。

● 行末受け約物全角 / 半角

『組版』は文字や図版などの要素を配置し、紙面を構成すること。「組み付け」とも言う。現在では、「レイアウトソフト」を用いて、紙面を作ることを指す。

● 行末句点全角・段落 1 字下げ（起こし全角）

　「組版」は文字や図版などの要素を配置し、紙面を構成すること。「組み付け」とも言う。現在では、「レイアウトソフト」を用いて、紙面を作ることを指す。

● 行末受け約物半角・段落 1 字下げ（起こし全角）

　「組版」は文字や図版などの要素を配置し、紙面を構成すること。「組み付け」とも言う。現在では、「レイアウトソフト」を用いて、紙面を作ることを指す。

● 約物全角・段落 1 字下げ

　「組版」は文字や図版などの要素を配置し、紙面を構成すること。「組み付け」とも言う。現在では、「レイアウトソフト」を用いて、紙面を作ることを指す。

● 行末受け約物全角 / 半角・段落 1 字下げ

　「組版」は文字や図版などの要素を配置し、紙面を構成すること。「組み付け」とも言う。現在では、「レイアウトソフト」を用いて、紙面を作ることを指す。

● 行末受け約物全角 / 半角・段落 1 字下げ（起こし食い込み）

『組版』は文字や図版などの要素を配置し、紙面を構成すること。「組み付け」とも言う。現在では、「レイアウトソフト」を用いて、紙面を作ることを指す。

● 約物全角

『組版』は文字や図版などの要素を配置し、紙面を構成すること。「組み付け」とも言う。現在では、「レイアウトソフト」を用いて、紙面を作ることを指す。

● 行末句点全角・段落 1 字下げ

　「組版」は文字や図版などの要素を配置し、紙面を構成すること。「組み付け」とも言う。現在では、「レイアウトソフト」を用いて、紙面を作ることを指す。

● 行末句点全角

『組版』は文字や図版などの要素を配置し、紙面を構成すること。「組み付け」とも言う。現在では、「レイアウトソフト」を用いて、紙面を作ることを指す。

Appendix

資料-07　よく利用するキーボード・ショートカット

キーボード・ショートカットを覚えると作業効率が高まります。メニューからコマンドを表示すると、ショートカットが割り当てられている場合は、コマンド名の右側にキーボードの組み合わせが示されます。

● ファインダーのショートカット

Finderメニュー

Finderを隠す	⌘+H
環境設定	⌘+,

ファイルメニュー

新規Finderウィンドウ	⌘+N
新規フォルダ	shift+⌘+N
新規タブ	⌘+T
情報を見る	⌘+I
複製	⌘+D
エイリアスを作成	⌘+L
ゴミ箱に入れる	⌘+delete
取り出す	⌘+E
検索	⌘+F

編集メニュー

取り消す	⌘+Z
カット	⌘+X
コピー	⌘+C
ペースト	⌘+V
すべてを選択	⌘+A

表示メニュー

サイドバーを表示／隠す	option+⌘+S
ツールバーを表示／隠す	option+⌘+T

移動メニュー

ダウンロード	option+⌘+L
アプリケーション	shift+⌘+A
フォルダへ移動	shift+⌘+G
サーバへ接続	⌘+K

● アプリケーション共通のショートカット

アプリケーションメニュー

環境設定＞一般	⌘+K
他を隠す	option+⌘+H
終了	⌘+Q

ファイルメニュー

新規	⌘+N
開く	⌘+O
Bridgeで参照	option+⌘+O
閉じる	⌘+W
保存	⌘+S
別名で保存	shift+⌘+S
ファイル情報	option+shift+⌘+I
プリント	⌘+P

編集メニュー

取り消し／やり直し	⌘+Z
カット	⌘+X
コピー	⌘+C
ペースト	⌘+V

表示メニュー

ズームイン	⌘++
ズームアウト	⌘+-
100% 表示	⌘+1
全体表示	⌘+0

● **Photoshopのショートカット**

アプリケーションメニュー

すべてを閉じる……………………………… option + ⌘ + W

復帰………………………………………………………… F12

書き出し形式………………… option + shift + ⌘ + W

Web 用に保存（従来）………… option + shift + ⌘ + S

1 部プリント…………………… option + shift + ⌘ + P

編集メニュー

取り消し／やり直し…………………… ⌘ + Z／F1

1 段階進む…………………………… shift + ⌘ + Z

1 段階戻る………………………… option + ⌘ + Z

フェード……………………………… shift + ⌘ + F

結合部分をコピー………………… shift + ⌘ + C

選択範囲内へペースト…………… shift + ⌘ + V

検索……………………………………………… ⌘ + F

塗りつぶし…………………………………… shift + F5

コンテンツに応じて拡大・縮小……… option + shift + ⌘ + C

自由変形……………………………………… ⌘ + T

カラー設定………………………… shift + ⌘ + K

イメージメニュー

レベル補正………………………………… ⌘ + L

トーンカーブ……………………………… ⌘ + M

色相・彩度………………………………… ⌘ + U

カラーバランス…………………………… ⌘ + B

白黒……………………………… option + shift + ⌘ + B

階調の反転………………………………… ⌘ + I

彩度を下げる……………………… shift + ⌘ + U

自動トーン補正…………………… shift + ⌘ + L

自動コントラスト………… option + shift + ⌘ + L

自動カラー補正…………………… shift + ⌘ + B

画像解像度………………………… option + ⌘ + I

カンバスサイズ…………………… option + ⌘ + C

レイヤーメニュー

新規レイヤー……………………… shift + ⌘ + N

選択範囲をコピーしたレイヤー……………… ⌘ + J

選択範囲をカットしたレイヤー……… shift + ⌘ + J

PNG としてクイック書き出し………… shift + ⌘ + '

書き出し形式………………… option + shift + ⌘ + '

クリッピングマスクを作成／解除……… option + ⌘ + G

レイヤーをグループ化…………………… ⌘ + G

レイヤーのグループ解除………… shift + ⌘ + G

レイヤーを非表示………………………… ⌘ + ,

最前面へ…………………………… shift + ⌘ +]

前面へ……………………………………… ⌘ +]

背面へ……………………………………… ⌘ + [

最背面へ…………………………… shift + ⌘ + [

レイヤーをロック………………………… ⌘ + /

レイヤーを結合…………………………… ⌘ + E

表示レイヤーを結合……………… shift + ⌘ + E

選択範囲メニュー

すべてを選択……………………………… ⌘ + A

選択を解除………………………………… ⌘ + D

再選択……………………………… shift + ⌘ + D

選択範囲を反転……… shift + ⌘ + I／ shift + F7

すべてのレイヤー………………… option + ⌘ + A

レイヤーを検索………… option + shift + ⌘ + F

選択とマスク……………………… option + ⌘ + R

境界をぼかす……………………………… shift + F6

フィルターメニュー

フィルターの再実行……………… control + ⌘ + F

広角補正………………… option + shift + ⌘ + A

Camera Rawフィルター…………… shift + ⌘ + A

レンズ補正………………………… shift + ⌘ + R

ゆがみ……………………………… shift + ⌘ + X

表示メニュー

色の校正…………………………………… ⌘ + Y

色域外警告………………………… shift + ⌘ + Y

エクストラ………………………………… ⌘ + H

グリッド…………………………………… ⌘ + @

ガイド……………………………………… ⌘ + :

定規………………………………………… ⌘ + R

スナップ…………………………… shift + ⌘ + :

ガイドをロック…………………… option + ⌘ + :

215

● Illustratorのショートカット

アプリケーションメニュー

環境設定＞単位……………………………… shift＋⌘＋U

ファイルメニュー

新規ファイル（ダイアログなし）………… option＋⌘＋N

複製を保存………………………………… option＋⌘＋S

復帰………………………………………… option＋⌘＋Z

配置………………………………………… shift＋⌘＋P

パッケージ……………… option＋shift＋⌘＋P

ドキュメント設定………………………… option＋⌘＋P

すべてを閉じる…………………………… option＋⌘＋W

編集メニュー

やり直し…………………………………… shift＋⌘＋Z

前面へペースト……………………………………… ⌘＋F

背面へペースト……………………………………… ⌘＋B

同じ位置にペースト……………………… shift＋⌘＋V

すべてのアートボードにペースト…… option＋shift＋⌘＋V

カラー設定………………………………… shift＋⌘＋K

オブジェクトメニュー

変形の繰り返し……………………………………… ⌘＋D

移動………………………………………… shift＋⌘＋M

個別に変形………………… option＋shift＋⌘＋D

最前面へ…………………………………… shift＋⌘＋]

前面へ………………………………………………… ⌘＋]

背面へ………………………………………………… ⌘＋[

最背面へ…………………………………… shift＋⌘＋[

グループ……………………………………………… ⌘＋G

グループ解除……………………………… shift＋⌘＋G

ロック………………………………………………… ⌘＋2

すべてをロック解除……………………… option＋⌘＋2

隠す…………………………………………………… ⌘＋3

すべてを表示……………………………… option＋⌘＋3

連結…………………………………………………… ⌘＋J

平均………………………………………… option＋⌘＋J

パターンを編集…………………………… shift＋⌘＋F8

ブレンドを作成…………………………… option＋⌘＋B

ブレンドを解除………………… option＋shift＋⌘＋B

最前面のオブジェクトで作成…………… option＋⌘＋C

クリッピングマスクを作成………………………… ⌘＋7

クリッピングマスクを解除……………… option＋⌘＋7

複合パスを作成……………………………………… ⌘＋8

複合パスを解除………………… option＋shift＋⌘＋8

書式メニュー

アウトラインを作成……………………… shift＋⌘＋O

制御文字を表示…………………………… option＋⌘＋I

選択メニュー

すべてを選択………………………………………… ⌘＋A

作業アートボードのすべてを選択……… option＋⌘＋A

選択を解除………………………………… shift＋⌘＋A

前面のオブジェクト……………………… option＋⌘＋]

背面のオブジェクト……………………… option＋⌘＋[

効果メニュー

前回の効果を適用………………………… shift＋⌘＋E

前回の効果……………………… option＋shift＋⌘＋E

表示メニュー

プレビュー…………………………………………… ⌘＋Y

GPU でプレビュー…………………………………… ⌘＋E

オーバープリントプレビュー………… option＋shift＋⌘＋Y

ピクセルプレビュー……………………… option＋⌘＋Y

すべてのアートボードを全体表示……… option＋⌘＋O

アートボードを隠す……………………… shift＋⌘＋H

定規を表示…………………………………………… ⌘＋R

アートボード定規に変更………………… option＋⌘＋R

バウンディングボックスを隠す………… shift＋⌘＋B

透明グリッドを表示……………………… shift＋⌘＋D

ガイドを隠す………………………………………… ⌘＋;

ガイドをロック…………………………… option＋⌘＋;

ガイドを作成………………………………………… ⌘＋5

ガイドを解除……………………………… option＋⌘＋5

スマートガイド……………………………………… ⌘＋U

グリッドを表示……………………………………… ⌘＋・

グリッドにスナップ……………………… shift＋⌘＋・

ポイントにスナップ……………………… option＋⌘＋・

● InDesignのショートカット

ファイルメニュー

配置……………………………………… ⌘+D

書き出し………………………………… ⌘+E

ドキュメント設定……………… option+⌘+P

編集メニュー

やり直し……………………………… shift+⌘+Z

フォーマットなしでペースト……… shift+⌘+V

選択範囲内へペースト…………… option+⌘+V

元の位置にペースト………… option+shift+⌘+V

複製………………………… option+shift+⌘+D

繰り返し複製…………………… option+⌘+U

すべてを選択………………………… ⌘+A

選択を解除…………………………… shift+⌘+A

クイック適用………………………… ⌘+return

検索と置換…………………………… ⌘+F

レイアウトメニュー

ページを追加……………………… shift+⌘+P

先頭ページ……………… shift+⌘+page up

前ページ………………………… shift+page up

次ページ……………………… shift+page down

最終ページ………………… shift+⌘+page down

ページへ移動………………………… ⌘+J

書式メニュー

文字…………………………………… ⌘+T

段落……………………………… option+⌘+T

タブ……………………………… shift+⌘+T

字形…………………………… option+shift+F11

文字スタイル…………………… shift+⌘+F11

段落スタイル………………………… ⌘+F11

合成フォント ...………… option+shift+⌘+F

禁則処理セット ...……………… shift+⌘+K

アウトラインを作成……………… shift+⌘+O

テキストを削除せずにアウトラインを

　　作成する…………… option+shift+⌘+O

強制改行……………………… shift+return

改フレーム…………………… shift+enter

改ページ……………………………… ⌘+enter

右インデント タブ………………… shift+Tab

現在のページ番号…………… option+shift+⌘+N

制御文字を表示……………… option+⌘+I

縦中横…………………………… option+⌘+H

オブジェクトメニュー

移動…………………………… shift+⌘+M

最前面へ……………………… shift+⌘+]

前面へ………………………………… ⌘+]

背面へ………………………………… ⌘+[

最背面へ……………………… shift+⌘+[

最前面のオブジェクトを選択……… option+shift+⌘+]

前面のオブジェクトを選択………… option+⌘+]

背面のオブジェクトを選択………… option+⌘+[

最背面のオブジェクトを選択……… option+shift+⌘+[

グループ……………………………… ⌘+G

グループ解除………………… shift+⌘+G

ロック………………………………… ⌘+L

スプレッド上のすべてをロック解除……… option+⌘+L

隠す…………………………………… ⌘+3

スプレッド上のすべてを表示……… option+⌘+3

フレームグリッド設定……………… ⌘+B

内容を縦横比率に応じて合わせる……… option+shift+⌘+E

ドロップシャドウ………………… option+⌘+M

表メニュー

表の設定…………………… option+shift+⌘+B

セルの属性………………… option+⌘+B

表示メニュー

オーバープリントプレビュー……… option+shift+⌘+Y

スプレッド全体…………………… option+⌘+O

定規を表示／隠す…………………… ⌘+R

テキスト連結を表示……………… option+⌘+Y

ガイドを表示………………………… ⌘+;

ガイドをロック…………………… option+⌘+;

ガイドにスナップ………………… shift+⌘+;

スマートガイド……………………… ⌘+U

索引 ●Photoshop

【英数字】

Adobe Photoshop	82
Adobe RGB	42
Camera Raw	79
CMYKカラー	64
EPS	82
GIF	83
Illustrator	80
Japan Color	64
JPEG	78, 83
PDF	82
PDFの読み込み	80
PNG	83
RAW	78
RGBカラー	64
sRGB	42
SVG	83
S字補正	67
TIFF	82
Web用に保存 (従来)	83

【あ】

アートボード	84
明るさ・コントラスト	62, 67
網点	40
移動ツール	52

【か】

ガイド	85
書き出し	86
書き出し形式	83
書き出しの環境設定	86
角度補正	47
画素	40
画像アセット	87
画像解像度	41
画像サイズ	41

画像を統合	58
カラーオーバーレイ	72
カラーバランス	65
カラーピッカー	39
カラープロファイル	42
切り抜きツール	46
切り抜きツールのオーバーレイオプション	46
クイック書き出し	86
クイック選択ツール	51
クイックマスク	54
グラデーションオーバーレイ	73
グラデーションツール	44
クリッピングパス	55
消しゴムツール	43
光彩 (外側)	73
コピースタンプツール	48
コンテンツに応じた移動ツール	49
コンテンツに応じる	47
コントラスト	67

【さ】

彩度	66
シェイプから新規ガイドを作成	85
シェイプツール	59
シェイプレイヤー	59
色域指定	51
色相・彩度	66
色調補正	62
自然な彩度	66
自動選択ツール	50
新規ガイドレイアウトを作成	85
新規ドキュメント	42
新規レイヤー	56
スウォッチパネル	43
ズームツール	40
スポット修復ブラシツール	49
スマートオブジェクト	76

スマートフィルター	75		不透明度	57
選択ツール	44		ブラシツール	43
選択とマスク	53		ブラシパネル	43
選択範囲を反転	50		ブラシプリセットパネル	43
選択範囲を変形	45, 52		プレビューボックス	38
選択範囲を保存	55		ベベルとエンボス	72
			ペンツール	55
			ポイントテキスト	70

【た】

楕円形選択ツール	44
多角形選択ツール	45
縦書き文字ツール	70
段落テキスト	70
段落パネル	70
チャンネルパネル	55
調整レイヤー	59, 62, 68
長方形ツール	59
ツールオプションバー	38
ツールパネル	38
テキストレイヤー	59, 70
トーンカーブ	63, 65, 67
特定色域の選択	65
ドック	38
トリミング	46
ドロップシャドウ	73

【ま】

モード	64
文字パネル	70
ものさしツール	47

【や】

横書き文字ツール	70

【ら】

リンクを配置	77
レイヤーからの新規グループ	58
レイヤーカンプパネル	59
レイヤースタイル	72
レイヤーパネル	39, 57, 58
レイヤーマスク	60, 68
レイヤーを結合	58
レイヤーを複製	58
レベル補正	63

【な】

なげなわツール	45
塗りつぶしツール	44

【わ】

ワープテキスト	71

【は】

背景色	39
パスパネル	55
パッケージ	77
パッチツール	49
ピクセル	40
ヒストグラム	63
描画色	39
描画モード	57
フィルター	74
フィルターギャラリー	75

索引 ●Illustrator

【英数字】

CMYKカラー……………………………… 102
CPUでプレビュー…………………………… 98
GPUでプレビュー…………………………… 98
RGBカラー……………………………… 102
SVG……………………………………… 145
Web用に保存（従来）…………………… 143

【あ】

アートボード……………………… 92, 95, 144
アートボードツール………………………… 95
アートボードに整列……………………… 127
アートボードパネル………………………… 95
アートボードを再配置……………………… 95
アウトライン………………………………… 98
アウトラインを作成……………………… 137
アセットの書き出しパネル……………… 145
アピアランスパネル…………………… 130, 132
アンカーポイント…………………………… 98
アンカーポイントツール………………… 104
アンカーポイントの削除ツール………… 104
アンカーポイントの追加ツール………… 104
移動………………………………………… 99
インデント……………………………… 119
埋め込み………………………………… 134
埋め込みを解除………………………… 135
エリア内文字…………………………… 114
エリア内文字オプション………………… 122
エリア内文字（縦）ツール……………… 115
エリア内文字ツール…………………… 115
円弧ツール……………………………… 106
鉛筆ツール……………………………… 106
欧文基準の行送り……………………… 119
オリジナルを編集……………………… 135

【か】

カーニング……………………………… 116

回転ツール……………………………… 109
ガイド…………………………………… 125
ガイドをロック………………………… 125
拡大・縮小ツール……………………… 109
重ね順…………………………………… 110
画像を埋め込み………………………… 135
角丸長方形ツール………………………… 97
カラー設定……………………………… 142
カラー（単色）塗り……………………… 100
カラーパネル…………………………… 102
カラーピッカー………………………… 102
カンバス…………………………………… 92
キーオブジェクトに整列………………… 127
キー入力………………………………… 99
グラデーションツール………………… 103
グラデーション塗り…………………… 100
グラデーションパネル………………… 103
グラデーションメッシュを作成………… 141
グラフィックスタイルパネル…………… 133
グラフィックスタイルライブラリ……… 133
クリッピングマスク…………………… 135
クリッピングマスクを作成……………… 111
グループ………………………………… 112
グループ選択ツール…………………… 112
消しゴムツール………………………… 107
効果メニュー…………………………… 132
コントロールパネル……………………… 93

【さ】

サンプルテキストの割り付け…………… 115
シアーツール…………………………… 109
自動行送り……………………………… 119
自動ハイフネーション………………… 119
ジャスティフィケーション設定………… 119
自由変形ツール………………………… 140
定規を表示……………………………… 124
新規ドキュメント………………………… 94

新規レイヤー……………………… 111
スウォッチパネル………………… 102
スターツール……………………… 97
スパイラルツール………………… 106
スマートガイド…………………… 125
スムーズツール…………………… 106
制御文字を表示…………………… 123
整列パネル………………………… 126
セグメント………………………… 98
選択ツール………………………… 98
線パネル…………………………… 101
線幅ツール………………………… 101
線ボタン…………………………… 100

【た】
ダイレクト選択ツール…………… 98
楕円形ツール……………………… 96
多角形ツール……………………… 97
タブパネル………………………… 123
段組設定…………………………… 123
段落パネル…………………… 93, 118
長方形のプロパティ……………… 97
長方形ツール……………………… 96
直線ツール………………………… 106
等間隔に分布……………………… 127
トラッキング……………………… 116
トンボと裁ち落とし……………… 138

【な】
日本語基準の行送り……………… 119
塗りブラシツール………………… 107
塗りボタン………………………… 100

【は】
配置………………………………… 134
バウンディングボックスのリセット…… 108
バウンディングボックスを表示… 108
パス………………………………… 98
パス消しゴムツール……………… 106
パス上文字オプション…………… 121

パス上文字（縦）ツール………… 121
パス上文字ツール………………… 121
パスのアウトライン……………… 136
パスファインダーパネル………… 128
破線………………………………… 101
パターン…………………………… 103
パターンオプションパネル……… 103
パターン塗り……………………… 100
ピクセルプレビュー……………… 142
複合シェイプ……………………… 128
複合パス…………………………… 129
ブラシツール……………………… 107
ブラシパネル……………………… 107
プリント…………………………… 138
プロファイル……………………… 94
変形パネル…………………… 93, 97
編集モード………………………… 113
ペンツール………………………… 105
ポイント文字……………………… 114
方向線……………………………… 98
方向点……………………………… 98

【ま】
マスク……………………………… 135
メッシュツール…………………… 140
文字タッチツール………………… 120
文字（縦）ツール………………… 114
文字ツール………………………… 114
文字ツメ…………………………… 117
文字パネル…………………… 93, 116

【ら】
リフレクトツール………………… 109
リンク……………………………… 134
レイヤーパネル…………………… 111
連結ツール………………………… 106

索引 ●InDesign

【英数字】

Adobe日本語単数行コンポーザー‥‥‥‥‥‥‥‥ 175
Adobe日本語段落コンポーザー‥‥‥‥‥‥‥‥ 175
DIC Color Guide‥‥‥‥‥‥‥‥‥‥‥‥ 164
IDML‥‥‥‥‥‥‥‥‥‥‥‥‥‥‥‥‥‥ 195

【あ】

アウトポート‥‥‥‥‥‥‥‥‥‥‥‥‥‥ 167
空け組‥‥‥‥‥‥‥‥‥‥‥‥‥‥‥‥‥ 170
アンカーポイントの切り替えツール‥‥‥‥‥‥ 162
アンカーポイントの削除ツール‥‥‥‥‥‥‥‥ 162
アンカーポイントを追加ツール‥‥‥‥‥‥‥‥ 162
異体字‥‥‥‥‥‥‥‥‥‥‥‥‥‥‥‥‥ 173
印刷可能領域‥‥‥‥‥‥‥‥‥‥‥‥‥‥ 152
インデント‥‥‥‥‥‥‥‥‥‥‥‥‥‥‥ 174
インポート‥‥‥‥‥‥‥‥‥‥‥‥‥‥‥ 167
鉛筆ツール‥‥‥‥‥‥‥‥‥‥‥‥‥‥‥ 162
オーバーセットテキスト‥‥‥‥‥‥‥‥‥‥ 167
オーバープリント‥‥‥‥‥‥‥‥‥‥‥‥ 165
オーバーライド‥‥‥‥‥‥‥‥‥‥ 158, 181
オブジェクトサイズの調整‥‥‥‥‥‥‥‥‥ 185
オブジェクトスタイルパネル‥‥‥‥‥‥‥‥ 182
オプティカル‥‥‥‥‥‥‥‥‥‥‥‥‥‥ 170

【か】

カーニング‥‥‥‥‥‥‥‥‥‥‥‥‥‥‥ 171
開始ページ番号‥‥‥‥‥‥‥‥‥‥‥‥‥ 152
回転ツール‥‥‥‥‥‥‥‥‥‥‥‥‥‥‥ 162
ガイドにスナップ‥‥‥‥‥‥‥‥‥‥‥‥ 161
ガイドを作成‥‥‥‥‥‥‥‥‥‥‥‥‥‥ 161
拡大/縮小ツール‥‥‥‥‥‥‥‥‥‥‥‥ 162
角オプション‥‥‥‥‥‥‥‥‥‥‥‥‥‥ 163
カラーパネル‥‥‥‥‥‥‥‥‥‥‥‥‥‥ 164
キーボード増減値‥‥‥‥‥‥‥‥‥‥‥‥ 160
基準マスター‥‥‥‥‥‥‥‥‥‥‥‥‥‥ 159
基本のぼかし‥‥‥‥‥‥‥‥‥‥‥‥‥‥ 189
行取り‥‥‥‥‥‥‥‥‥‥‥‥‥‥‥‥‥ 174

禁則処理‥‥‥‥‥‥‥‥‥‥‥‥‥‥‥‥ 168
組み方向‥‥‥‥‥‥‥‥‥‥‥‥‥‥‥‥ 166
グラデーションパネル‥‥‥‥‥‥‥‥‥‥ 165
グラデーションぼかし‥‥‥‥‥‥‥‥‥‥ 189
グリッドシステム‥‥‥‥‥‥‥‥‥‥‥‥ 161
グリッドフォーマットパネル‥‥‥‥‥‥‥‥ 183
グループルビ‥‥‥‥‥‥‥‥‥‥‥‥‥‥ 172
消しゴムツール‥‥‥‥‥‥‥‥‥‥‥‥‥ 162
現在のページ番号‥‥‥‥‥‥‥‥‥‥‥‥ 157
検索と置換‥‥‥‥‥‥‥‥‥‥‥‥‥‥‥ 186
効果‥‥‥‥‥‥‥‥‥‥‥‥‥‥‥‥‥‥ 189
効果パネル‥‥‥‥‥‥‥‥‥‥‥‥‥‥‥ 188
合成フォント‥‥‥‥‥‥‥‥‥‥‥‥‥‥ 187
コンテンツグラバー‥‥‥‥‥‥‥‥‥‥‥ 185
コントロールパネル‥‥‥‥‥‥‥‥‥‥‥ 151

【さ】

シアーツール‥‥‥‥‥‥‥‥‥‥‥‥‥‥ 162
シェイプを変換‥‥‥‥‥‥‥‥‥‥‥‥‥ 163
字形パネル‥‥‥‥‥‥‥‥‥‥‥‥‥‥‥ 173
字下げ‥‥‥‥‥‥‥‥‥‥‥‥‥‥‥‥‥ 174
自動サイズ調整‥‥‥‥‥‥‥‥‥‥‥‥‥ 166
自動調整‥‥‥‥‥‥‥‥‥‥‥‥‥‥‥‥ 185
自動流し込み‥‥‥‥‥‥‥‥‥‥‥‥‥‥ 177
自由変形ツール‥‥‥‥‥‥‥‥‥‥‥‥‥ 162
新規カラースウォッチ‥‥‥‥‥‥‥‥‥‥ 164
新規グラデーションスウォッチ‥‥‥‥‥‥‥ 165
新規ドキュメント‥‥‥‥‥‥‥‥‥‥‥‥ 152
新規マスター‥‥‥‥‥‥‥‥‥‥‥‥‥‥ 159
スウォッチパネル‥‥‥‥‥‥‥‥‥‥‥‥ 164
スタイル再定義‥‥‥‥‥‥‥‥‥‥‥‥‥ 181
スタイルの編集‥‥‥‥‥‥‥‥‥‥‥‥‥ 181
スムーズツール‥‥‥‥‥‥‥‥‥‥‥‥‥ 162
セルの結合／分割‥‥‥‥‥‥‥‥‥‥‥‥ 193
セルの属性‥‥‥‥‥‥‥‥‥‥‥‥‥‥‥ 193
線ツール‥‥‥‥‥‥‥‥‥‥‥‥‥‥‥‥ 162
線パネル‥‥‥‥‥‥‥‥‥‥‥‥‥‥‥‥ 162

【た】

楕円形ツール……………………………… 162
多角形ツール……………………………… 162
裁ち落とし………………………………… 152
縦組みグリッドツール…………………… 167
縦組み文字ツール………………………… 166
単位と増減値……………………………… 160
単数行／段落コンポーザー……………… 175
段落形式コントロール…………………… 151
段落スタイルパネル……………………… 178
段落前／後のアキ………………………… 174
長方形ツール……………………………… 162
詰め組……………………………………… 170
強い禁則…………………………………… 168
テキストの配置…………………………… 166
テキストの回り込み……………………… 176
テキストを表に変換……………………… 190
ドキュメントプロファイル……………… 152
ドキュメントページ……………………… 154
ドキュメントページの移動を許可……… 155
特色………………………………………… 164
綴じ方……………………………………… 152
トラッキング……………………………… 171
ドロップシャドウ………………… 175, 182

【は】

配置………………………………… 184, 191
はさみツール……………………………… 162
パス………………………………………… 163
パスファインダー………………………… 163
パスファインダーパネル………………… 163
パッケージ………………………………… 195
半自動流し込み…………………………… 177
表…………………………………………… 190
描画モード………………………………… 188
表示モード………………………………… 150
表の属性…………………………………… 193
表パネル…………………………………… 192
表を挿入…………………………………… 190
フォント検索……………………………… 186

不透明度…………………………………… 188
プライマリテキストフレーム…………… 152
ぶら下がり………………………………… 175
プリフライトパネル……………… 150, 194
フレームグリッド設定…………………… 167
プレーンテキストフレーム設定………… 166
プレフィックス…………………………… 159
プロセスカラー…………………………… 164
プロファイルを定義……………………… 194
プロポーショナル組……………………… 170
ページサイズ……………………………… 152
ページパネル……………………………… 154
ページ番号とセクションの設定………… 156
ペーストボード…………………………… 150
ベタ組……………………………………… 170
ペンツール………………………………… 162
ポイントを変換…………………………… 163
方向性のぼかし…………………………… 189

【ま】

マージン・段組…………………………… 153
マスターページ…………………………… 154
マスターページを適用…………………… 159
メトリクス………………………………… 170
文字組み…………………………………… 169
文字組みアキ量設定……………………… 169
文字形式コントロール…………………… 151
文字スタイルパネル……………………… 178
文字ツメ…………………………………… 171
文字前／後のアキ量……………………… 171
モノルビ…………………………………… 172

【や】

横組みグリッドツール…………………… 167
横組み文字ツール………………………… 166
弱い禁則…………………………………… 168

【ら】

ルビ………………………………………… 172
レイアウトグリッド……………………… 153

223

[著者略歴]

生田 信一 (Far, Inc.)
書籍やムックの企画・制作などを行うほか、教育機関でDTPや印刷の講座を受け持つ。デザインやDTPに関する執筆活動も行っている。主な共著書に『プロなら誰でも知っている デザインの原則100』、『印刷メディアディレクション [改訂版]』、『Web＋印刷のためのIllustrator活用術』(ボーンデジタル刊)、『InDesign/Illustratorで学ぶ レイアウト＆ブックデザインの教科書』(ボーンデジタル刊)、『すべての人に知っておいてほしいIllustratorの基本原則』(エムディエヌコーポレーション刊)、『Illustrator逆引きデザイン事典[CC/CS6/CS5/CS4/CS3] 増補改訂版』(翔泳社刊)、『Design Basic Book [第2版] はじめて学ぶ、デザインの法則』(ビー・エヌ・エヌ新社刊) などがある。
http://www.far.co.jp/

[執筆協力]

五十嵐華子、スズキアサコ、武田厚志 (SOUVENIR DESIGN INC.)、山本州 (raregraph)

[写真]

素材辞典：「140 ハワイ-アロハ編」「159 犬 -ラブリードック」「160 彩りの花」「234 ありがとう-心の贈り物」
写真素材 DAJ digital images：「119 CAFE [カフェ]」
Adobe Stock：P11 © hanabiyori／100316128、© hakase420／102667132、© hanabiyori／57004782、
© sasazawa／69790195　P13 © kenta847 - Fotolia／105435257、© jpggifpng3／93657662
P14 © hanaschwarz／66299523　P15 © n_eri／51290386、© mog3／101873166、© ayutaka／71618414、
© NH7／37502702　P40 © Photo-SD - Fotolia／84856736　P78 © TwilightArtPictures - Fotolia／57195435

Photoshop＋Illustrator＋InDesignで基礎力を身につける

デザインの教科書

2017 年 5 月 26 日　初版第 1 刷発行
2022 年 2 月 25 日　初版第 2 刷発行

発行人　　　　　　村上 徹

執筆・編集　　　　ファー・インク
編集　　　　　　　深澤嘉彦
執筆　　　　　　　生田信一 (ファー・インク)
DTP・本文デザイン　生田祐子 (ファー・インク)

装丁　　　　　　　後藤 豪 (後藤デザイン室)
印刷・製本　　　　シナノ書籍印刷株式会社
発行・発売　　　　株式会社ボーンデジタル

〒102-0074　東京都千代田区九段南1-5-5 九段サウスサイドスクエア
編集　03-5215-8661
販売　03-5215-8664
URL　http://www.borndigital.co.jp/
お問い合わせ先：info@borndigital.co.jp

注意事項
・本誌に掲載されている写真、図版、文章を無断で転載・複製することは法律により禁じられています。
・乱丁・落丁本は送料を弊社負担にてお取り替えさせていただきます。弊社販売部までご連絡のうえ、ご送付ください。
・本書の定価は裏表紙に記載されています。

ISBN978-4-86246-389-0
© 2017 Far Inc., Born Digital Inc. All Right Reserved.